景观改造与地脉重塑

——现代城市工业遗址体验型景观空间的营建研究

黄艺 著

中国水利水电出版社
www.waterpub.com.cn
·北京·

内 容 提 要

本书以两套设计研究方案为载体对现代城市工业遗址旅游地的保护性开发作了有益的设计探索，通过对当地文化内涵的有效理解与挖掘，努力探寻地域文化在景观改造中的逻辑性应用体系，立足于设计场地，着眼于体验型的景观游览空间营造的研究。以旅游规划与景观改造的视角，重塑因区域产业结构调整而日益没落的场所的新面貌，建立城市景观空间与人的情感之间的紧密联系，唤起人们对场所精神的认同感及对景观空间体验的深入理解。

图书在版编目(CIP)数据

景观改造与地脉重塑 ：现代城市工业遗址体验型景观空间的营建研究 / 黄艺著. —北京：中国水利水电出版社，2018.6

ISBN 978-7-5170-6539-5

Ⅰ. ①景… Ⅱ. ①黄… Ⅲ. ①工业建筑－文化遗址－旅游资源开发－研究②城市景观－景观设计－研究 Ⅳ. ①TU27②TU984.1

中国版本图书馆 CIP 数据核字(2018)第 130131 号

书　　名	景观改造与地脉重塑——现代城市工业遗址体验型景观空间的营建研究 JINGGUAN GAIZAO YU DIMAI CHONGSU—— XIANDAI CHENGSHI GONGYE YIZHI TIYANXING JINGGUAN KONGJIAN DE YINGJIAN YANJIU
作　　者	黄 艺 著
出版发行	中国水利水电出版社 (北京市海淀区玉渊潭南路 1 号 D 座 100038) 网址：www. waterpub. com. cn E-mail：sales@waterpub. com. cn 电话：(010)68367658(营销中心)
经　　售	北京科水图书销售中心(零售) 电话：(010)88383994、63202643、68545874 全国各地新华书店和相关出版物销售网点
排　　版	北京亚吉飞数码科技有限公司
印　　刷	三河市元兴印务有限公司
规　　格	250mm×260mm 12 开本 10.5 印张 207 千字
版　　次	2019 年 1 月第 1 版 2019 年 1 月第 1 次印刷
印　　数	0001—3000 册
定　　价	78.00 元

前 言

旧工业区作为过去经济发展的重要支柱，见证了城市经济与社会发展的整个历程，承载着城市工业文明的历史印记。这些见证社会变迁的空间遗存犹如一张张城市日记，诉说着那一段段历历在目的往事。然而，随着国家步入新时期，大力推进社会产业结构调整，那些不适应时代发展需要的旧工业区大都沦为工业废弃地和重污染区。如今的江西江州造船厂就面临着这样的困境，除了厂区中部区域保留了生产功能，北部和南部区域已无生产能力，逐渐沦为工业废弃地。是拆旧立新还是场地文脉重塑？如何赋予场地新的生命，又能有效保留工业遗迹。或许“全域旅游”才是“救命良方”，需要旅游业以“互联网+”“旅游+”项目带动产业融合，促进产业升级。

“全域旅游”概念的提出来源于国家旅游局局长李金早在2015年8月举行的全国旅游工作研讨会，正式从国家旅游局层面首次明确提出全面推动“全域旅游”发展的战略部署。“全域旅游”就是指各行业积极融入其中，各部门齐抓共管，全城居民共同参与，充分利用目的地全部的吸引物要素，为游客提供全过程、全时空的体验产品，从而全面地满足游客的全方位体验需求。

党的十八届五中全会精神提到，推动旅游业创新、协调、绿色、开放、共享发展，促进旅游业转型升级、提质增效，以“旅游+”为途径，大力推进旅游业与三产产业的融合，以及旅游业与文化艺术、公众教育、科普研究等行业的深度融合，规划开发出具备自身特色及属性的文化休闲、生态观光、商务会展、休闲度假、乡村旅游等多维度跨界产品，推动”全域旅游”要素深度整合，进一步提升区域旅游业整体实力和竞争力。

本课题研究正是在这样的大背景下进行的，首先以工业文化旅游为切入点，积极挖掘江州造船厂自身独特的工业文化属性，对江州造船厂进行旅游总体规划；其次，重点聚焦于场地南部区域，通过梳理和重塑场地文脉，积极构建具有鲜明特征的体验型景观空间。场地规划设计主要采用“整体保护”模式，既保存工业遗产中的建筑物、工业设施等物质实体，又保存工业遗产积淀下来的文化和传统等精神内涵。在保持工业遗产原址原貌的前提下，进行适当的修缮，重新规划空间序列的组织、设置参观流线，同时利用一些重要建筑、场地和设施等塑造具有代表性的空间节点，向人们展示工业遗产的原始风貌和艺术文化价值。希望借此能真正激活场地内外因素，实现区域旅游资源的共联、共享。

目录

NO.

绪论

第一部分 绪论

一、研究背景

1. 对全球化与地域性的思考

在今天看来，作为一种人类社会发展的现象过程，“全球化”已经深入到人类所有的社会活动中，对世界经济的发展、社会进步都具有重要作用。从通常意义上讲，“全球化”是指全球联系不断增强，人类生活在全球规模的基础上发展及全球意识的崛起。各国在政治、经济、贸易、教育、社会及文化等领域的依存度越发紧密。

在“全球化”的背景下，地域文化或本土文化的发展既面临挑战，也存在机遇。挑战在于地域文化面对外来文化的不断冲击，如何保持本土文化的内涵和加强自我更新能力，而机遇在于“全球化”可助推地域文化的广泛传播，也有利于地域文化的创新和发展。“信息社会和数字化技术逐渐模糊了物质与精神、现实与虚拟、主体与客体之间的界限，它进一步导致了人们对传统工具理性和逻辑理性的怀疑。人们纷纷发现，‘传统与现代’‘本土与外来’‘地域性与国际性’等二元对立思维方法已经过时，在许多场合，它们相互融合，进而满足人们多元的审美要求和多样化的功能需要。”（夏明，2003）

“全球化”与“地域性”不是完全对立的关系，相反，他们之间是一种动态式、制衡式的关系。“全球化”不是“一元论”，也不是对“地域性”的全盘否定。从某种意义上看，“全球化”是对“地域性”的一种尊重，而并不像那些悲观主义者认为的那样：全球化进程必然会摧毁地域文化生态圈。在全球化时代，设计观念、设计视野、设计产业的交融程度比以往任何时期都要强烈，如何有效、充分表达地域文化的自信，避免“同质化”的城市景观风貌的建设问题，首先需要突破对地域性理解的狭隘性，跳出传统文化固步自封的局限，以全球化的设计视野和意识引导地域文化的创新和发展；其次，对自然和文化特征的地域性进行新的探寻，塑造出符合地方特色的景观场所精神，以期适应新时期大众对本土文化多元性的新特征诠释的需求。

2. 体验型景观空间建设的匮乏

不可否认，城镇化的快速、深入发展为人们创造了良好的生存环境，人们可以享受健全的基础设施建设成果、成熟的城市配套功能。在城市，公共绿地是市民游玩、集会、休憩的绝佳场地，是难得的、珍贵的公共景观资源；在乡村，优美的原生环境、齐全的现代服务设施是人们节假日乡野郊游的重要支撑。当人们醉心于城镇化所带来的各种便利之时，是否想过，这些让人们趋之若鹜、引以为傲的景观空间是否真的让他们发自内心的感动？答案或许是否定的。究其原因，一方面，由于大众景观空间体验的教育与社会引导的缺失，导致他们没有空间体验的基本背景知识，无法认识景观空间的体验过程和体验方式；另一方面，经过专业领域设计师打造的景观空间大多是“设计秀场”的产品，是一种“猎奇式”的探索，是一种程式化设计惯性的肤浅表达。“一个城市应有的文化魅力逐渐被‘文化拼贴’和‘借来艺术’所代替代，不是为表现政绩而借机发展‘绿色产业’的‘百花齐放’，就是借用景观卖点来填补建筑剩余空间的‘争奇斗艳’，使得原本情感丰富、生动多样的城市空间肌理变得冷漠呆板，千城一面，抹灭了城市记忆的痕迹。”（朱晓璐，2013）

虽然国内当前体验型景观空间建设的经典设计案例的数量相对较少，但是她们应该被大众所铭记，更应该被广泛传播，加强大众对景观空间体验的认知。如朱育帆的青海原子城国家级爱国主义教育示范基地纪念园和上海辰山植物园矿坑花园、郝大鹏的四川美术学院虎溪校区、王澍的中国美术学院象山校区、俞孔坚的上海世博后滩花园……

空间体验的本质需要建立起人与空间的直接对话，激发人对场所精神的认同感，才有机会实现既注重地域文脉的表达，又强调景观空间多维度体验的优秀成果。

二、国内外研究现状

1. 地域文化与景观设计方面

在国外，景观设计师非常注重在设计过程中对景观场地文脉的保护与延续，不管大尺度还是小尺度景观空间的营建都会强调人的参与性和体验性，设计细节非常感人。同时，其研究还具有一定深度，研究的规范性、整体性、过程性和应用性都值得我们细细品味：美籍华裔建筑师林璎（Maya Ying Lin）的成名作《美国华盛顿独立广场越战纪念园》深刻反映了场地精神的实质，场地设计采用看似简单的V字型抽象结构，该形态在人们的接受和解读中具有更丰富的含义。这个纪念园的力量，来自于它为表达和压抑公共领域的暴力而采取的对纪念碑传统惯例的巧妙违反和转化。亨利•巴瓦（Henri Bava）在《历史文脉是园林设计的重要元素》（2005）中强调，触发设计的灵感不仅是纯自然的，还有人工作用于自然之后的自然，如乡村耕作后的田园等。对于一个场地空间，不仅是指地上的部分，还包括地下的部分。在园林设计中，必须充分重视历史文脉的重要地位；世界级景观设计大师玛莎•施瓦茨（Martha Schwartz）在《重庆万科凤鸣山公园景观设计》项目中，通过极具艺术想象力的“山形”抽象雕塑在序列空间中的合理设置以及跳跃的色彩在空间中的大胆运用，实现了三个重要的场地精神特征：一是充分展现了重庆独特身份的示范园区和城市公共空间；二是巧妙地解决了山地城市较大的地形落差关系；三是设计场地的活力被充分激发；同时，有效激活了场地周边区域的发展潜能。

在国内，对地域文化的深刻表达的探索已有一些成果，经典范例是四川美术学院虎溪校区校园景观规划设计和中国美术学院象山校区校园景观规划设计。这两个项目获得了国际、国内多项重要奖项，赢得了业界高度评价。首先，新校园规划与建设坚持传承地域文化，体现出人文校园建设的理念和特色，注重依山就势、顺势而为的景观布局，以丰富的形态和朴实的材质体现合乎原地形地貌的生长状态；其次，它们都非常重视场地乡土文化的保护、延续与融合，将校园文脉精神与新校址的场地精神有效融合在一起，真正实现了景观场地的地域文化的合理表达。两个校区的建设经验既为建设具有自身文化特色的校园探索了一条艺术与技术相结合的路径，也对当代城市建设具有导向性意义。林菁，王向荣在《地域特征和景观形式》（2005）中指出，地域特征是特定区域土地上自然和文化的特征。它包括在这块土地上天然的、由自然成因构成的景观，也包括由于人类生产、生活对自然改造形成的大地景观。这些景观不仅是历史上园林风格形成的重要因素，也是当今风景园林规划与设计的重要依据和形式来源。

2. 体验型景观设计方面

在国外，相关学者很早就关注到了景观领域里的空间体验的研究，体验是由哲学引入经过长久的印证证明得出，体验是人类生存的基本方式。从威廉•狄尔泰（Wilhelm Dilthey）、卡尔•马克思（Karl Marx）、胡塞尔(Husseri)、伽达默尔(Hans-Georg Gadamer)的哲学思想出发，最终告诉我们生命存在就是生命体验，人在生活、生存，同时在体验着。

1950 年，美国开展了一场反后现代主义活动，当时著名的社会学家简•雅各布斯（Jane Jacobs）建议，都市生活中创造真实的生气力务必能体验出城市中人类的真正的生活；丹麦设计师扬•盖尔(Jan Gehi)在《交往与空间》一书中提到，要创造出充满活力并富有人情味的空间，也需要对身边随时可以接触到的事情进行研究，例如如何使用街道、广场、公园、庭院等；对景观设计学有着深刻影响的约翰•西蒙兹（John Ormsbee Simonds）认为人类设计的不是形式、不是空间、不是场景；人类设计的是一种体验，首先是明确的功能或体验，其次才是对形态的有目的的设计，争取达到良好的景观效果，景观场景以及空间形体特点都是依据体验所进行的规划设计；美国的卡尔文（Calvin）在《景观体验》中指出景观和建筑在对环境的建成影响上有着很大的不同。建筑在创建环境时所使用的材料多数是人工的；而景观往往使用有生命力的、室外的、动态易变的材料创造场景，两者在空间上也有很大的差异，该书对体验与外在形式的关系进行了明确、详尽的阐述。

在国内，对体验相关内容的研究起步相对较晚，研究领域相对较窄，只有旅游、产品设计、教育等行业有所涉及，景观体验式设计的应用研究相对较少，但已有一些有益的探索。北京绿维创景旅游规划设计院的魏小安倡导情景规划与体验设计的观点，且其所在的设计院正在将这一理论与实践相结合；刘滨宜教授在《现代景观规划设计》中提出园林设计的三元理论，其中之一就是在心理与精神文化的指引下，从人类的的内心世界出发，依据游客在景观中的行为心理以及精神活动的规律，研究怎样才能设计出使游人产生内心震撼、心灵共鸣的景观场景；陆邵明在《建筑体验——空间中的情节》（2003）中，主张从空间体验的深层心理学角度，来揭示人对于场所的体验与感悟。通过建筑空间与戏剧艺术叙事和内容组织安排的类比研究，从人们的感知和体验研究了城镇、建筑特别是园林空间客体，在研究视角、内容和方法上都颇具新意，丰富了经典的场所理论和设计方法，拓展了对建筑本体理论的认识。李开然，央•瓦斯查（Jan Woudstra）《组景序列所表现的现象学景观：中国传统景观感知体验模式的现代性》（2009），对中国古代的大量组景序列实例的研究，表明了中国传统景观感知体验模式的现代性，这一传统所记录的不仅是直接视觉所反映的景观，而且是具有历史纵深引用的场景，组景序列往往用诗意的隐喻指出了体验的方式和延续性的时间深度、身体多种感官的参与等现象学景观研究焦点，甚至涉及历史景观遗产的欣赏保护。

3. 小结

通过分析国内外、市内外的研究现状，得出以下结论：国外对景观场地地域文化的传承和景观空间体验性的理论研究已有较深厚的基础，而国内的研究还尚浅，缺乏系统性的研究。基于需求层次理论、环境知觉理论的体验型景观设计的跨学科的渗入，我们深深感受到对基于地域文化视角的体验型景观设计系统、详尽研究的必要性和重要性。随着体验经济时代的悄然而至，体验的设计思潮开始波及到整个设计领域，景观设计与体验设计的跨界结合响应了新时期设计回归人性的号召。在人与景观的互动中，通过运用前沿科学技术手段和对空间受众的行为分析，从而达到多元化、现代化景观元素及丰富空间体验的效果，这为解决当代景观设计的问题，提供了新的解决方案和思路。体验对景观设计影响的研究将会是一个持久的阶段，会使景观设计领域有新的进展和突破。

三、研究目标与意义

1. 研究目标

本书以场地文脉传承为基本要点，从体验设计的角度对景观空间营建的方式进行探索，期望通过运用前沿科学技术手段和对空间受众的行为分析，从而达到多元化、现代化景观元素及丰富空间体验的效果，为景观设计可持续发展提供有力支持，实现景观设计发展方式转型的战略选择。

2. 研究意义

⑴ 继承和发扬地方传统文化

文化自信是大国崛起的重要特征，每个人都需要文化归属，设计作为一种文化载体，更应该继承和发扬我们的地域文化。当前的中国景观设计应注重承载传统文化内涵，体现中国独有的文化思想精髓，以现代设计语汇来展现中国设计的现代性和思辨性，构建地域文脉精神的凝练与现代抽象设计语言的深度融合，用隐喻的方式呈现中国自身的纯粹性和本土性，创造出极具“中国味”的原创设计。

⑵ 强调人性关怀引导当代景观设计既注重文化传承，也强调互动体验，有效弥补景观领域系统性研究体验设计的不足。

人性关怀是景观场景体验塑造的核心，其设计注重使用者的行为心理活动规律的一致性，尽量满足使用群体的多层次需求。景观的本质是从体验中自然生发，对主体有着特殊意义的历程，这就使景观中体验场景的塑造比景观形态建立具有更重要的价值。然而，当今对景观场地的文脉延续和体验缺失的现象确实非常严重，不仅对景观生态过程中的体验缺失，而且对于文化历史主题景观，我们仅有的体验方式也夹杂在视觉形象与商业消费之间被予以简化。本课题的研究正是“景观回归土地，景观回归人性”的最好回应，现实意义较大。

(3) 对实现景观设计发展方式转型的战略选择具有较大的支撑价值

景观设计基金会（LAF）于2016年6月发表的“新景观设计宣言”明确了未来50年景观设计行业的发展趋势，其中就强调了“为野生自然创造未来”“历史景观的保护和延续”“景观生态和可持续发展的美学价值”，本课题研究也是该宣言的有力回应。进入体验经济时代，人们不再单纯满足“快餐式消费设计”所带来的功能需求和审美需求，而希望以更加真实、个性、合理的体验方式与景观互动，这也使得将体验设计的理念引入景观设计领域必将成为景观设计界的焦点及行业发展的必然趋势。

四、研究框架

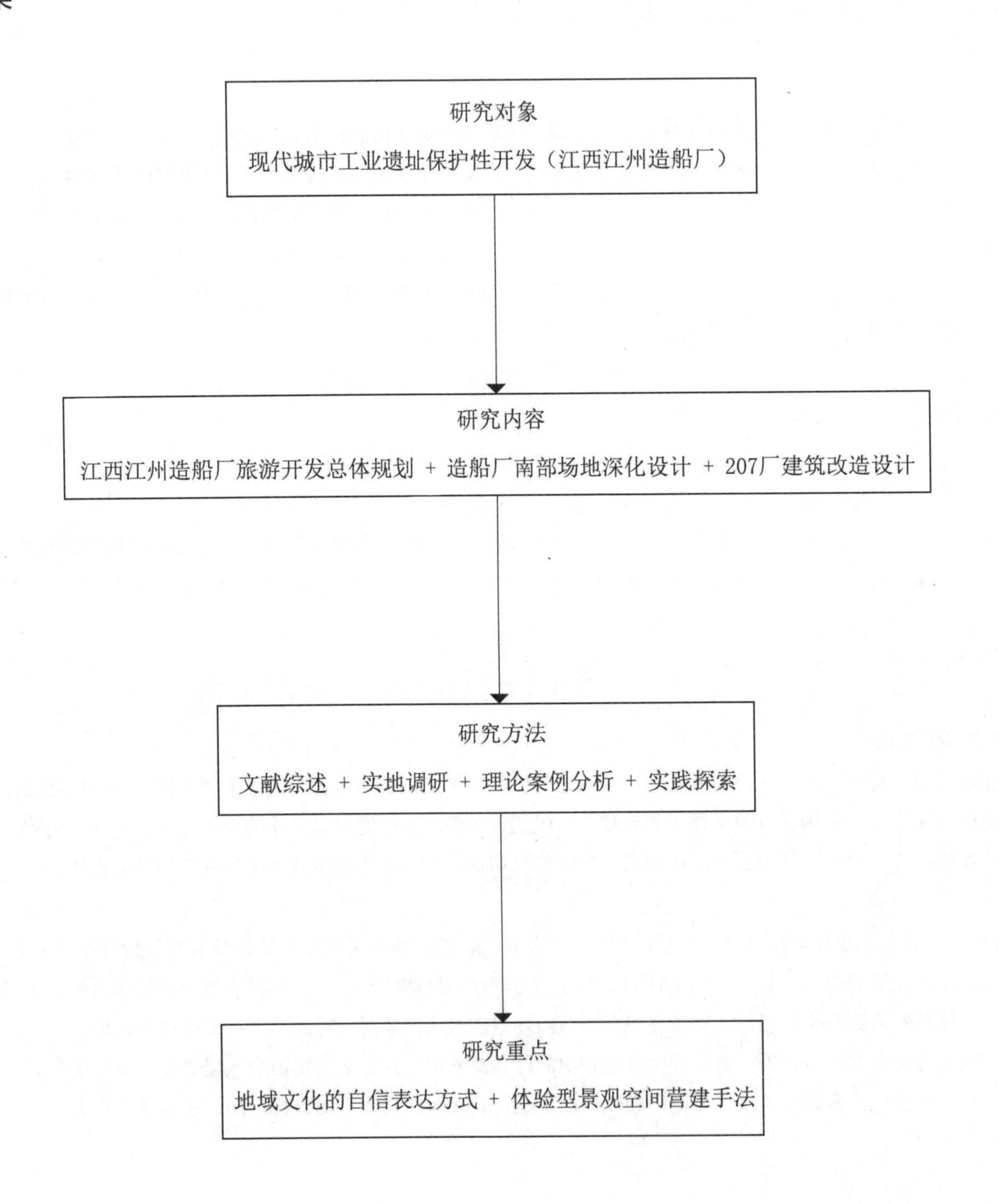

五、相关概念

1. 地域与地域性

地域是一个学术概念，是通过选择与某一特定问题相关的诸特征并排除不相关的特征而划定的。地域性将地域的概念反映在某种存在的特性上，而景观又将地域性中不确定的“某种存在”限定在了某一地域范围内的自然要素与人文要素之中。

2. 景观

1）景观是以土地为基本载体、与社会发展紧密相关的产物，可通过空间与时间的深层表达情感记忆；

2）景观既是自然的，也存在人工痕迹的，是个体的或群体的美好设想付诸实施的视觉结果；

3）景观是动态的，不是静止的，欣赏其魅力应以多层次、多维度的综合感官去体会；

4）景观是地貌、气候、水文、地理、植物等自然元素的集合体；

5）景观是传统或现代的、经典或普通的社会大众共享资源；

6）景观是城市与自然重要的联接载体；

7）景观是城市、建筑、管网、基础设施体系等人类行为的空间载体；

8）景观是地区经济增长的重要引擎，是地区风貌展示的关键资源。

3. 地域性景观

各个地方的自然环境特征的差别决定着它们自身地域特征的识别性，从南到北、从东至西，地域性的魅力在漫长的历史变迁中从未改变过。时至今日，虽说科技的发展“缩小了”世界的距离，全球化的浪潮基本席卷了世界的每个角落，但地域性的生命力依旧强大，持续焕发着历史的最强音。

地域性景观是某一地域范围内，自然景观、人文景观及人类活动所表现出的地域特征，地域性景观是存在于相对明确的地理边界的地域内的，它区别于周边地域的景观，具有独自的特色与特征。地域性景观是自然景观与人文景观的集合体，也是当地自然基础资源与原住民群体社会活动综合影响的历史产物。

4. 体验

“体验”一词来源于拉丁文Experior，指通过验证或证明而直观的、非理性的从感觉得来信息的一种方式。亚里士多德曾将它理解为“由感情产生的多次串联的记忆”。

“体验”在现代语境中被解释为“为了获得某种知识、能力而亲自尝试某种活动的过程，使人们接触环境与自然后获得的一种亲身经历”。

5. 体验型景观

体验型景观是以主体（人）与客体（景观）的紧密互动为基础，通过不同景观空间的构建和场景信息的整合向人们展现一个具有历史的、地域的、情真意切的体验场所，实现体验者对景观场所精神的认知与认同。

NO.2

方案一总体规划

第二部分 方案一总体规划

一、项目概况

1. 地理区位分析

瑞昌位于江西省北部偏西，九江市西部，长江中下游南岸，北襟长江“黄金水道”，东邻九江县，南接德安县、武宁县，西接湖北省阳新县，北与湖北省武穴市隔长江相望，交通便捷，信息灵通，史有“三省通衢”之称。

2. 交通区位分析

瑞昌地处长江黄金水道和京九南北铁路大动脉的十字交汇处，初步形成水陆立体交通网络，交通便捷。
杭瑞高速承东启西，在境内设有2个出口，与昌九、泸蓉高速互联成网，316、105国道与之交织。
黄金水道通江达海，上溯重庆、武汉， 下至南京、上海，直开美国、德国、意大利等国家和地区航线。
铁路干线引南接北，武九铁路穿境而过，连接京九、京广两大动脉，武九高铁连接昌九、京光高铁。
周边航空辐射全国，距九江庐山机场30min车程、南昌昌北国际机场90min车程、武汉天河国际机场120min车程。

3. 气候分析

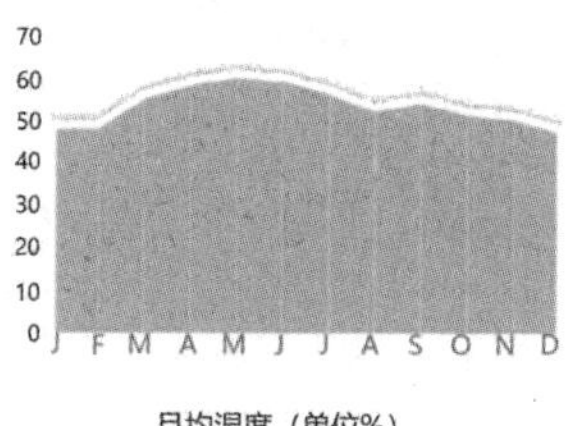

月均湿度（单位%）

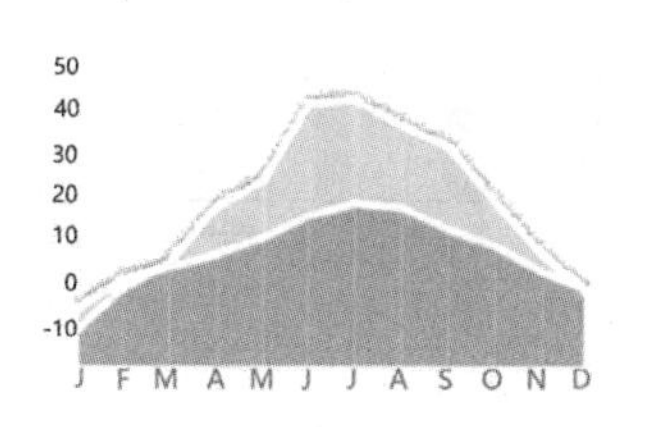

月最高温 月最低温（单位℃）

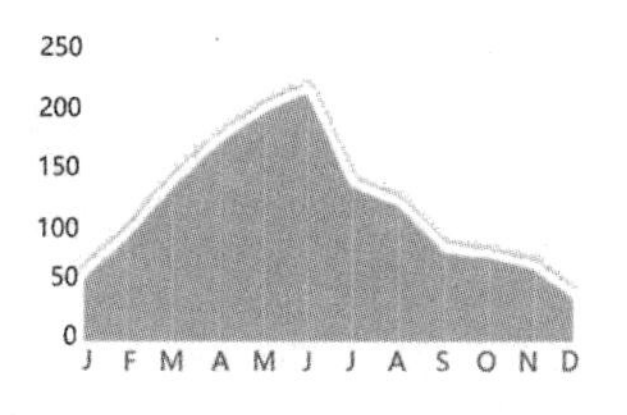

平均降雨量（单位mm）

瑞昌气候温和，四季分明，属大陆温湿性气候带，年平均气温17.5℃，年降雨量1700mm左右，最大降雨量2180.3mm（1998年），大于或等于100mm暴雨日年平均1～3d。

每年4～8月降雨量占全年降雨量的63.40%。年日照时数2000h上下，年无霜期240～260d。

4. 劳动力与产业数据分析

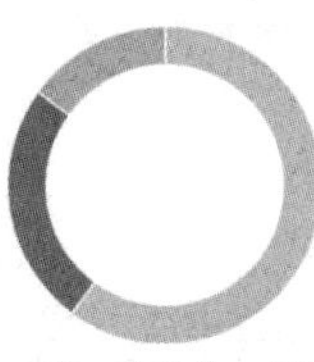

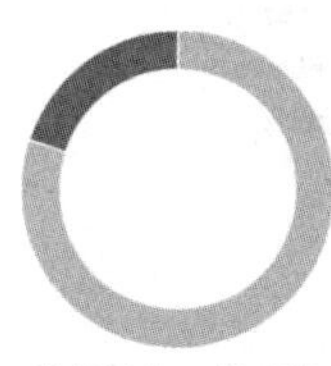

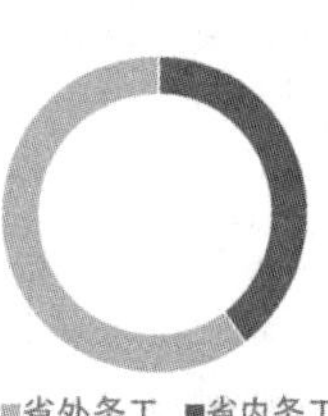

瑞昌经济结构日趋合理，三次产业比例为15∶64∶21。其中工业为主导产业，当地城乡居民外出务工占比较低。

5. 旅游市场分析

⑴ 一级客源

瑞昌市的主体客源市场，主要包括江西省九江市、南昌市，湖北武汉市，湖南长沙、株洲、湘潭等，这些地区人口多、经济较发达，距离瑞昌市近，交通便捷。

⑵ 二级客源

已有铁路、航空和水运直达瑞昌，城市化水平较高，人口密集且人均可支配收入较高、出游能力较强的地区为主。包括长三角地区的江苏、上海、浙江等；京九铁路沿线河南、山东、天津、北京等省市；以及距离较近的山西、四川、重庆、贵州、云南和广西壮族自治区。

⑶ 三级客源

称为机会客源，分布较为分散，主要是东北地区、中西部地区客源市场，包括辽宁、吉林、黑龙江、内蒙、宁夏、甘肃、新疆、青海、西藏等省区。以及日韩、东南亚国家及少数欧洲、中亚国家。

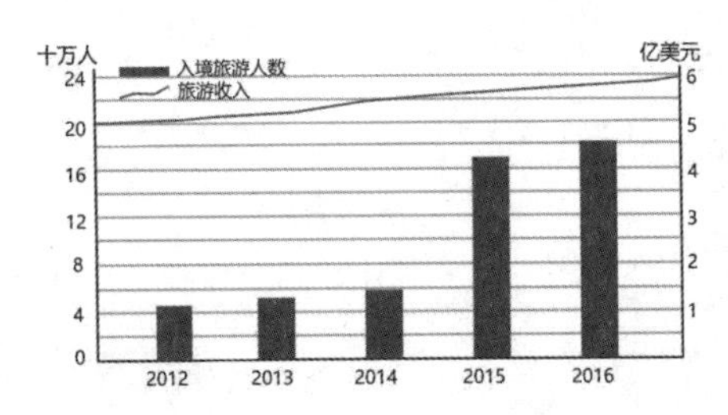

江西入境旅游市场分析

2015年、2016年入境人数迅速增长，收入持续增长，为更大的旅游市场发展提供了可能。

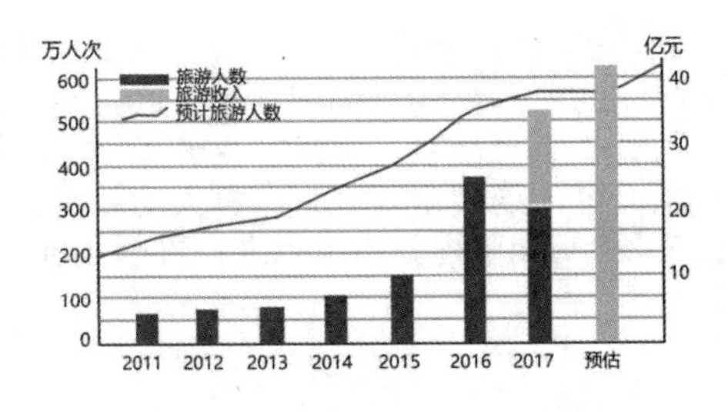

瑞昌旅游市场分析

近两年瑞昌工业转型，旅游发展迅猛。旅游人数与旅游收入上升较快，未来旅游市场潜力较大。

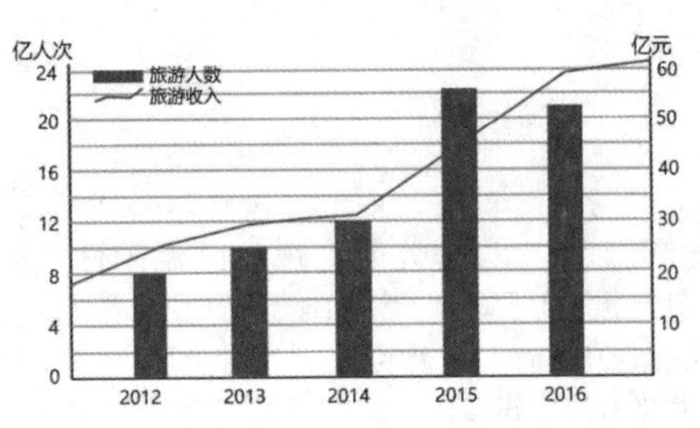

农村地区旅游市场分析

国务院中央一号文件指出大力发展农村区域旅游产业，今年以来，农村地区旅游发展迅速，同时带动周边其他产业持续发展，拉动旅游经济增长。

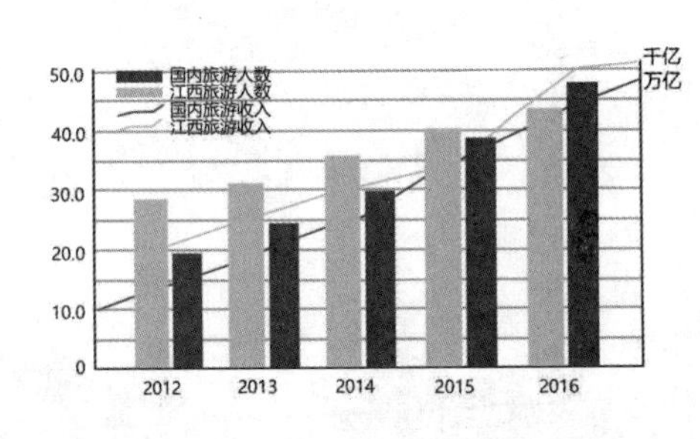

国内及江西旅游市场分析

2012年、2016年国内旅游人数与江西人数不断增长，2016年江西旅游收入接近5万亿，占全国旅游收入近10%，增长力度可观。

6. 人群分析

客源市场分析

江西省 80.25%

其他 19.75%

客源市场以国内市场为主，国际客源市场规模很小。秦山、博物馆等重点景区的瑞昌本地游客占比大。

旅游者特征

男性 54%

女性 46%

旅游者基本特征以男性为主，旅游者男女数据差距不大。

旅游者年龄分析

14岁以下 1%

15-24岁 24%

25-44岁 49%

45-64岁 22%

65岁以上 4%

旅游者年龄分析说明了瑞昌市的旅游产品比较适合中青年人，旅游者年龄主要集中在25～44岁的年龄段。

职业构成

学生 30%

公职人员 20%

服务销售人员 20%

文教科技专业人员 18%

工人 12%

职业构成前三依次是学生、公职人员、服务销售人员。工人旅游最少。

旅游者信息来源

口传 37%

报刊 30%

电视媒体 24%

旅行社获取 9%

调查表明通过口传、报刊、电视媒体获取信息来旅游的人占多数。通过旅行社获取信息的游客占比较少。

旅游者行为分析

休闲度假 32%

观光游览 37%

探亲访友 9%

商务 7%

会议 5%

宗教朝拜 0%

文化教育 3%

其他 7%

旅游者行为分析表明瑞昌旅游大多以观光游览、休闲度假为主。

7. 瑞昌历史沿革

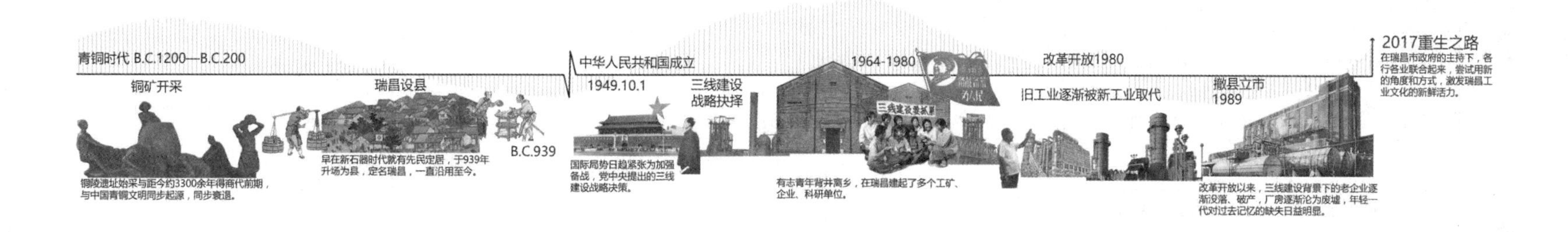

8. 江州船厂历史背景

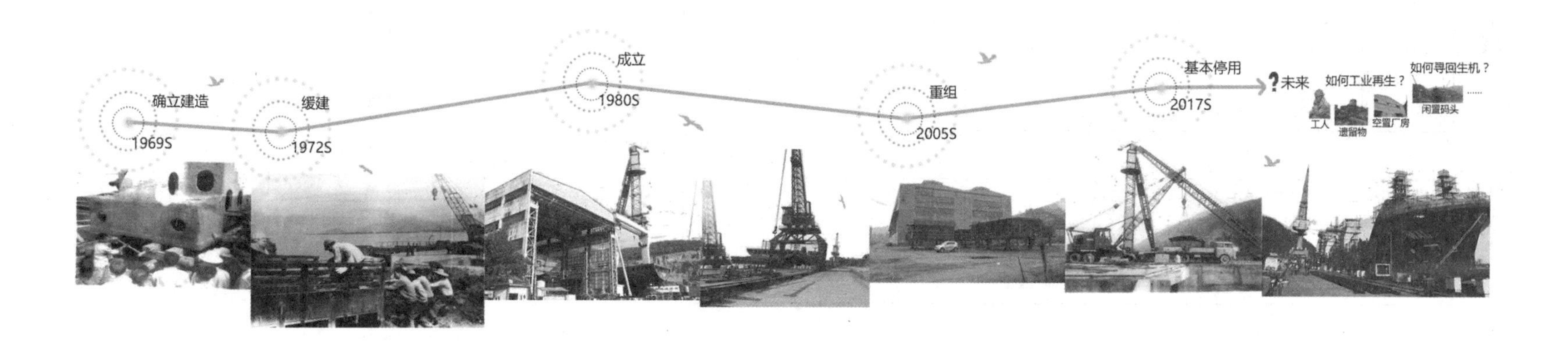

9. 瑞昌当地资源整合

自然风光

当地特色的自然风光需加快建立配套设施，吸引游客，推动旅游业发展。

工业遗产

大量的工业遗产是一座城市发展的历史产物，将其改造为新型的生态产业链，解决当地就业以及实现对生态产业链的串联。

非物质文化遗产

当地非物质文化遗产是国家民族不可缺少的一部分，与旅游业结合多元化发展。

铜文化

挖掘铜文化与瑞昌工业旅游的串联，形成赋有活力的产业链条，留住文化，让文化“重生”。

特色手工业

瑞昌当地有剪纸、竹编等特色手工业，通过政策引导将其保留并与当地工业文化相互融合。

农业产品

山药作为当地特色农产品，可拓宽其链条与旅游业和互联网结合，产生更高额的附加值。

10. SWOT分析

优势

1. 旅游资源富饶，人文资源丰富。
2. 社会经济发展优势强，工业产业基础雄厚。
3. 原生态优势明显，拥有省级森林公园——秦山，长江流域重要湿地——赤湖。
4. 地理位置优越，处于长江水道和京九南北铁路十字交汇处，初步形成水陆空立体交通网络。
5. 后发优势，瑞昌大部分旅游资源开发刚刚启动，目前尚无国家级风景名胜区与旅游度假区。

劣势

1. 宣传促销力度不够，直接影响了旅游客源。
2. 资源缺乏垄断性，开发难度较大，境内垄断性旅游资源相对缺失。
3. 旅游人力资源匮乏，人力资源也是制约瑞昌市旅游业发展的主要因素之一。
4. 旅游产业基础较差，人们对旅游资源的开发利用价值缺乏足够的认识，旅游业起步较晚。

机遇

1. 江西省良好的旅游发展基础和环境。
2. 构建和谐社会与建设新农村的发展机遇。
3. 瑞昌市委、市政府确定的打造“水岸生态城市”的发展机遇。
4. 历史进程下人们对回归乡村的向往导致乡村旅游的迅猛发展。
5. 国内旅游持续升温，居民收入提高，消费结构变化，旅游消费快速增长。

挑战

1. 国内旅游受宏观经济影响。
2. 生态环境的脆弱性带来的挑战。
3. 周边旅游产品同质竞争带来的挑战。
4. 周边旅游目的地之间对客源市场的竞争带来的挑战。

综上所述，瑞昌市虽然属于开发时间较晚的新兴旅游地，也存在一定的制约因素，但有着发展旅游的基础条件和明显的优势，未来具有开发成为赣北特色生态休闲旅游目的地的潜力。

11. 问题分析

道路无序

厂房空置

风貌不协调

设施不全

空气质量差

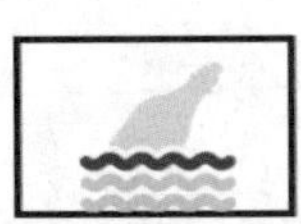
水体污染

空心化

缺乏产业支撑

缺少旅游资源

道路质量差

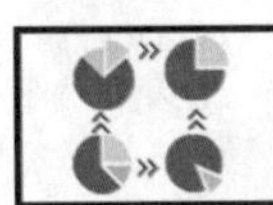
土地资源浪费

厂房结构单一

公共空间缺失

无法自由改造空间

植被混乱

产业结构单一

就业岗位少

无周边配套

综述

1. 合理布置产业，优化旅游资源，增加就业机会，提升周边配套设施，留住原住民，引进新创客，保护环境的同时发展第三产业。

2. 改造更新建筑及周边景观，合理整合周边资源，加大资金与人才投入，结合瑞昌旅游现状发展全域旅游。运用现代技艺，结合互联网IP、文创理念改善人居旅游环境。

3. 发挥工业遗产优势，结合自然生态环境优势、区位优势、经济社会优势、后发优势，打造成集工业文化博物馆、文创旅游、自然休闲度假为一体的综合性文化创意旅游园区。

12. 瑞昌资源网分析图

特色产业链
民间文化
铜文化
温泉旅游
采矿产业
山药产业
农业观光
休闲山庄
红色旅游
粮食产业
溶洞旅游
森林观光
阳新县园博园
甘宁公园
阳新县
武穴市
龙坪镇
码头镇
城子镇
黄金乡
夏畈镇
武蛟乡
枫林站
南阳乡
白杨镇
港口镇
木港镇
横立山乡
瑞昌站
赛湖乡
桂林镇
瑞昌市
瑞昌西站
高丰镇
洪下乡
洪一乡
新塘乡
新合镇
花园乡
肇陈镇
青山乡
范镇镇
横港镇
Ruichang
乐园乡
九江县岷山林场
塘山乡
南义镇
鲁溪镇
爱民乡
横路乡
邹桥乡
聂桥镇
高塘站
官莲乡
磨溪乡

二、场地现状分析

1. 建筑和道路现状分析

(1) 建筑现状分析

基地建筑基本以砖房与混凝土房为主，其他类型建筑占比较少。砖房的质量保存较为完善，其他类型的建筑质量较差。

(2) 道路现状分析

基地主干道基本都是水泥路且质量较好，其他的次干道与支路都是以土路与碎石路为主，质量一般。

2. 土地利用和场地功能现状分析

⑴ 土地利用现状分析

基地周边基本都是以林地为主，占比较大（2322亩）。基地内湖泊面积也较多（723亩），其次是耕地面积占比最少（142亩）。

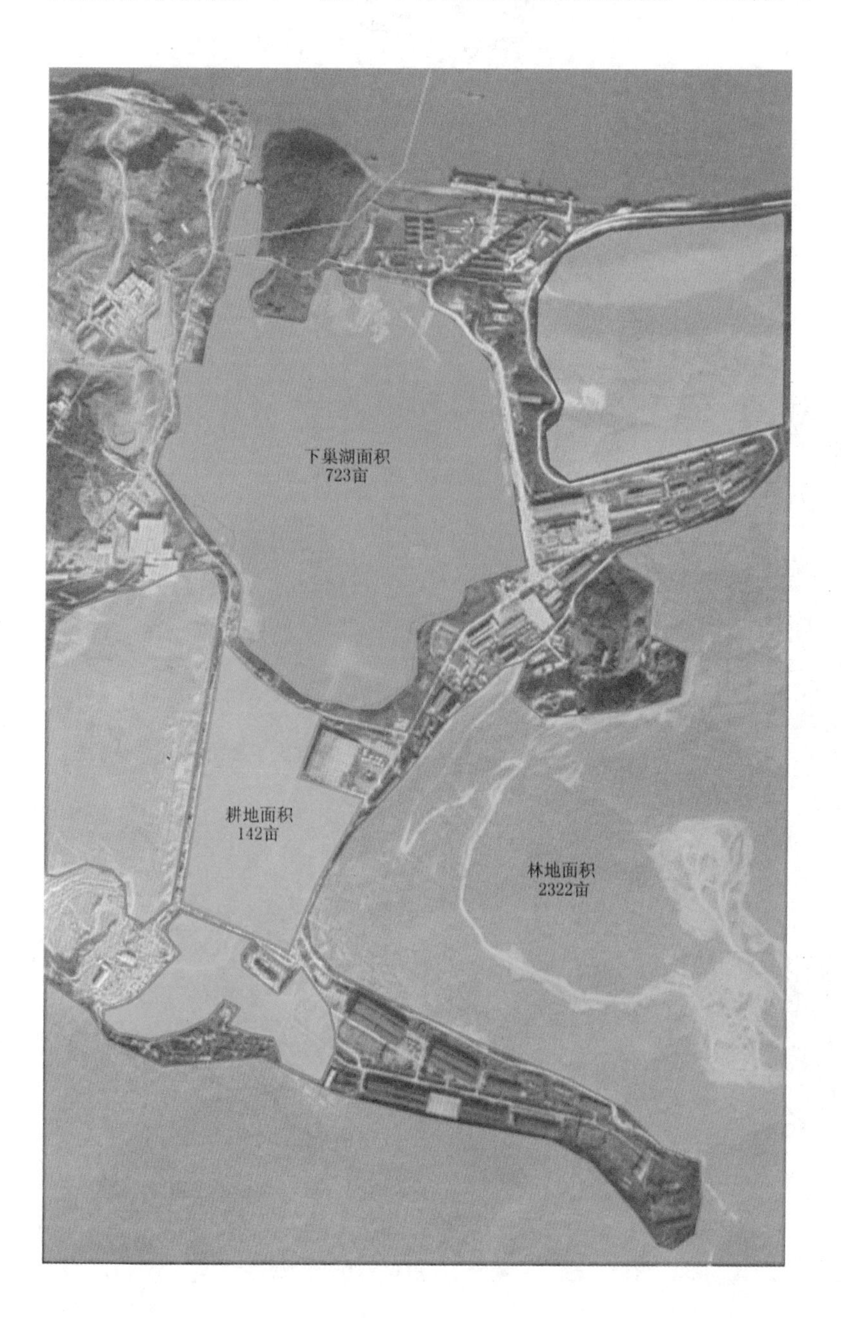

⑵ 场地功能现状分析

基地分为北部、中部、南部。北部是旧员工宿舍，现已停用；中部是生产空间，目前还在进行生产；南部是以前的生产空间，现已停用。

三、总体规划平面图

❶景区主入口
❷旅游服务中心
❸花园酒店
❹江州出版社
❺商业步行街
❻下沉水景台
❼生态游乐场
❽文化广场
❾亲水栈道
❿户外露营服务中心
⓫生态露营
⓬生态氧吧
⓭造船社
⓮造船社办公楼
⓯泊岸广场
⓰公共服务室
⓱荷花深处
⓲荷花深处服务中心
⓳特色农田体验
⓴创客基地
㉑停车场
㉒房车营地
㉓休闲户外教学
㉔生态博物馆
㉕自然生态活动中心
㉖广博广场
㉗工艺制作体验
㉘创意影视基地
㉙摄影基地
㉚竹编体验馆
㉛记忆广场
㉜动漫基地
㉝“芦苇之声”露天舞台
㉞生态庄园观赏
㉟环湖游线
㊱环湖路线服务中心
㊲下巢湖
㊳游湖小道
㊴总服务中心
㊵中心广场
㊶树阵迷宫
㊷游览展销中心
㊸创客基地服务中心
㊹视觉体验中心
㊺生态餐厅
㊻职工宿舍
㊼南郊记忆街
㊽艺术长街
㊾民俗风情街
㊿荷花小亭
51 医疗中心
52 长江

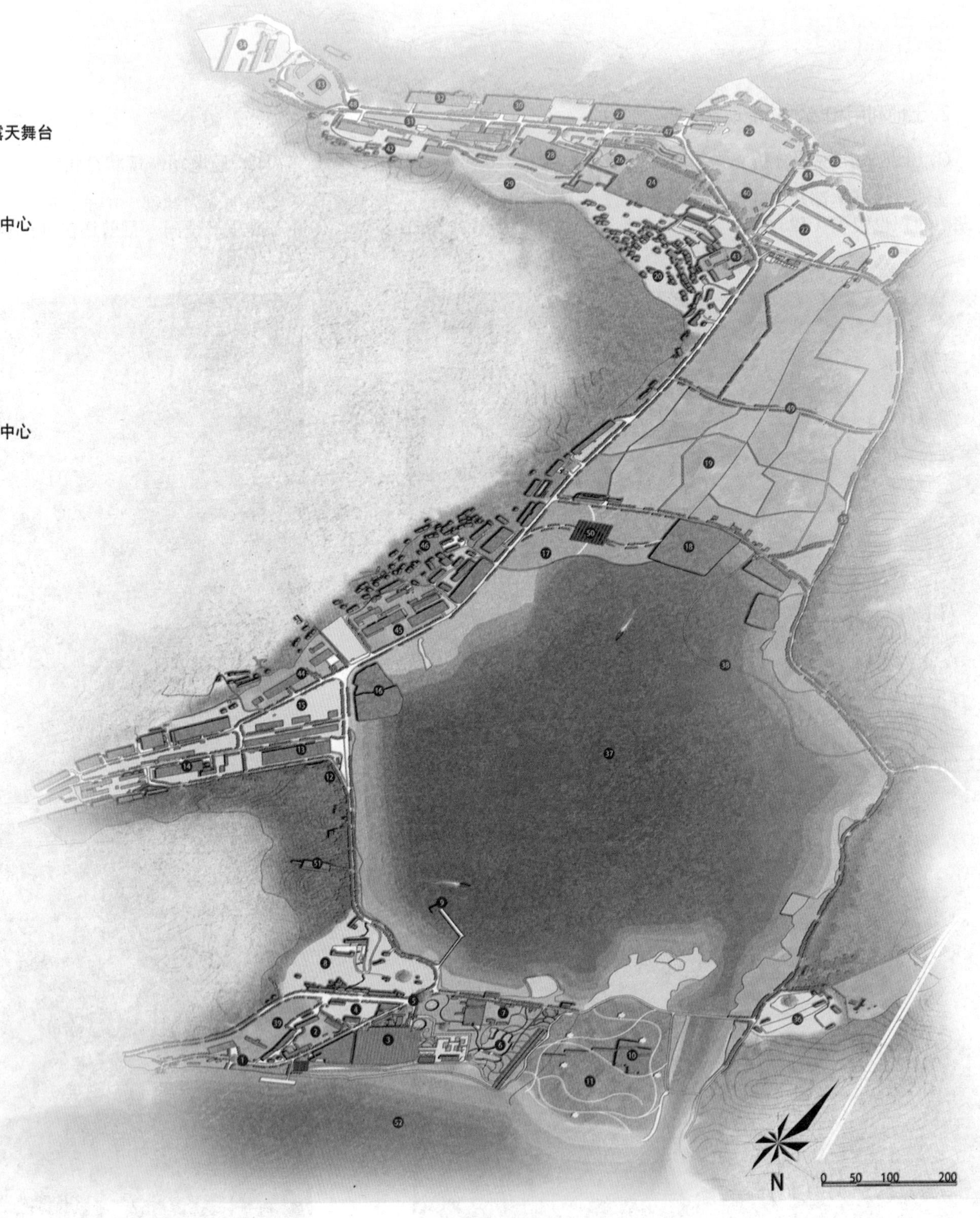

经济技术指标

区域名称	面积/㎡
下巢湖	481951.8
耕地	94657.2
林地	1547845.2
砖房	10823
混凝土土房	12735
土房	2335
其他类型	3633

四、总体规划分析图

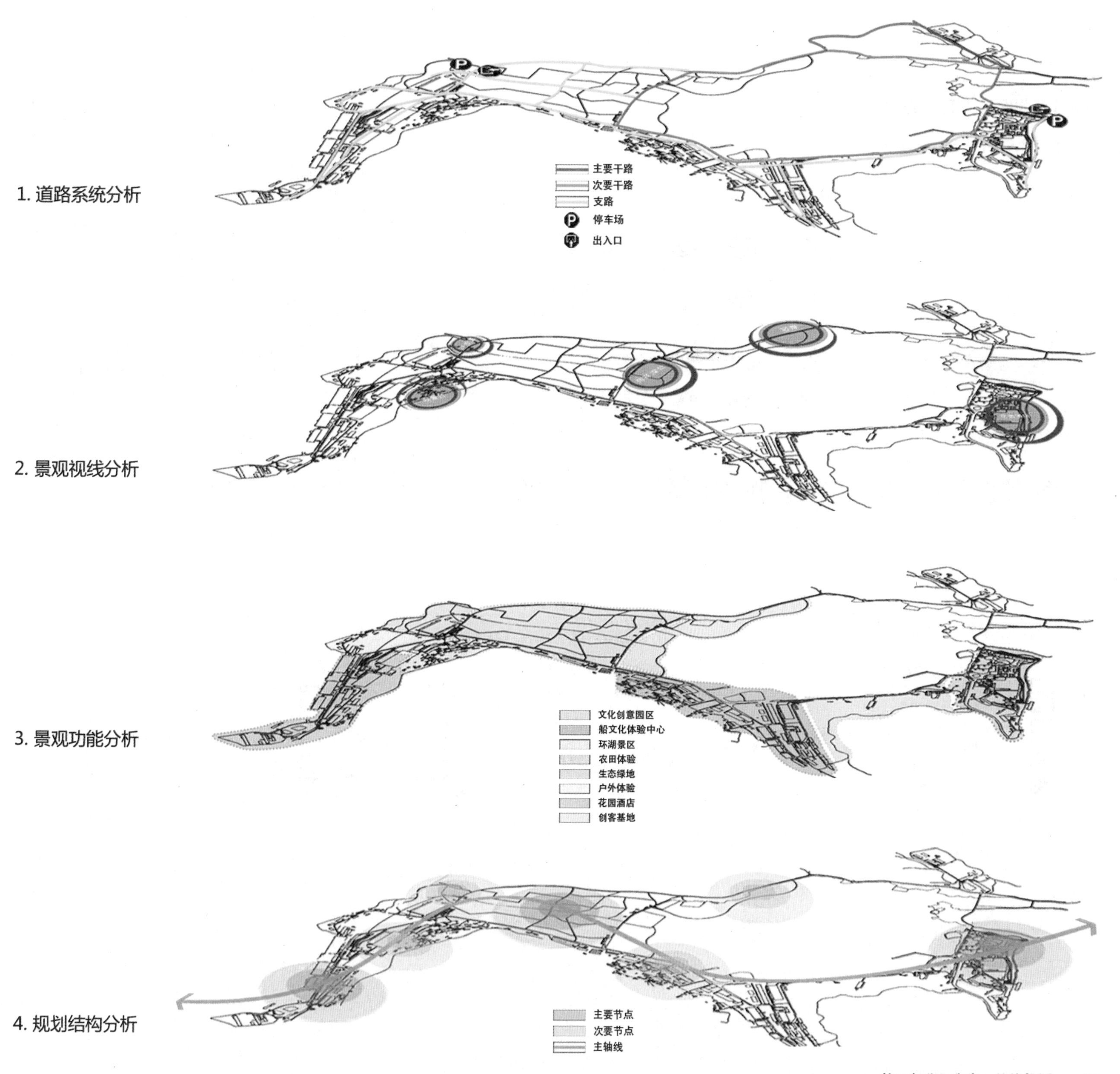
1. 道路系统分析
主要干路
次要干路
支路
停车场
出入口
2. 景观视线分析
3. 景观功能分析
文化创意园区
船文化体验中心
环湖景区
农田体验
生态绿地
户外体验
花园酒店
创客基地
4. 规划结构分析
主要节点
次要节点
主轴线

五、总策略

1. 创建江州IP——IP发展策略

IP是指特色鲜明的工业旅游区。

(1) 核心元素

(2) 开发：重新塑造、推广放大IP

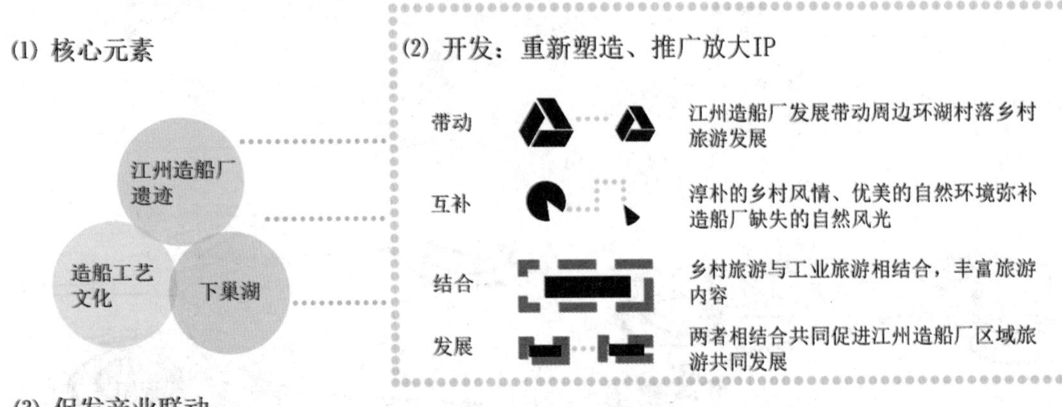

打造良好的工业艺术文创环境

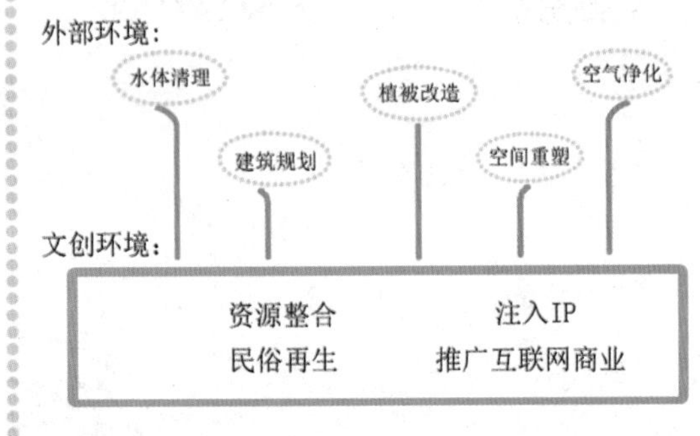

(3) 促发产业联动

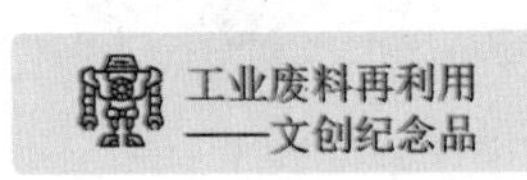
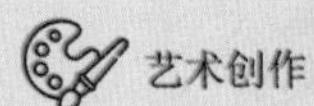
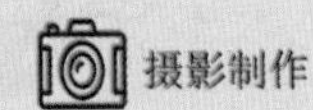
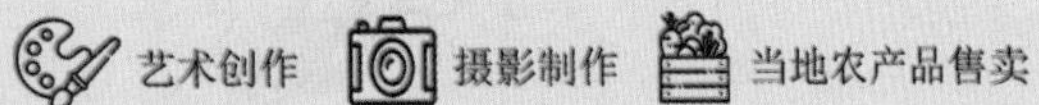
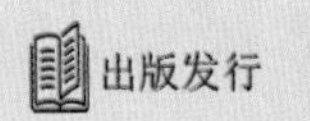

(4) 引进创客，促进IP放大

青壮年返乡创业

政策吸引创客

2. 工业遗址旅游路线打造

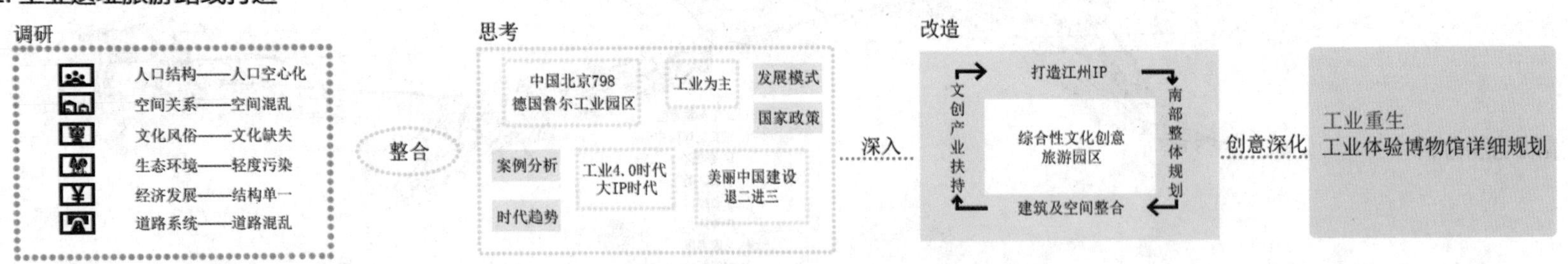

六、旅游线路规划策略

1. 规划策略

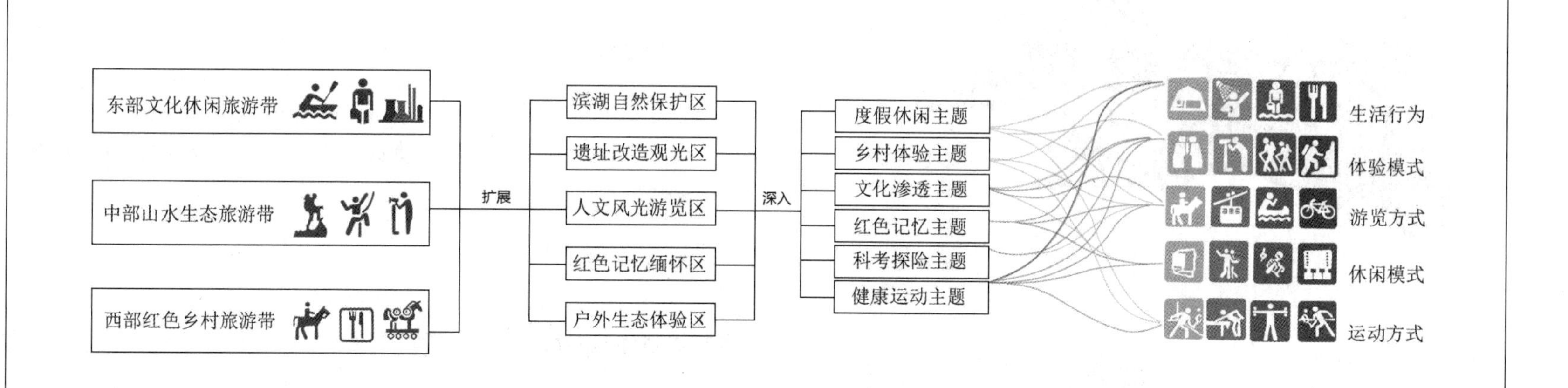

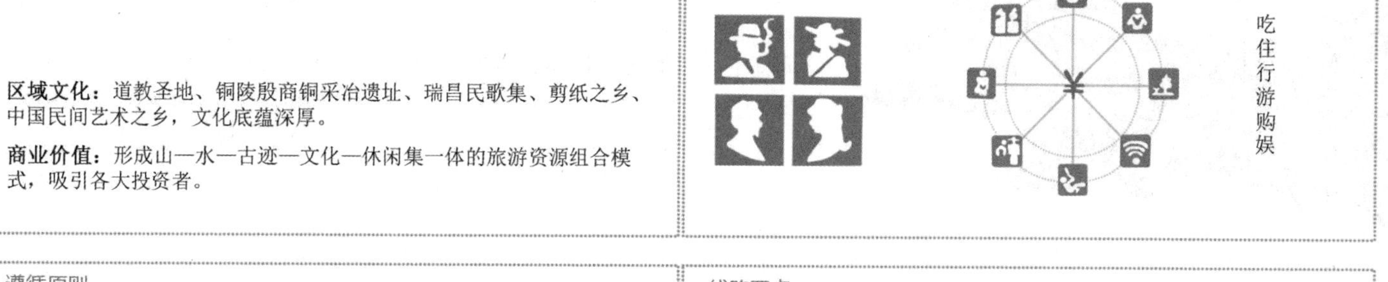

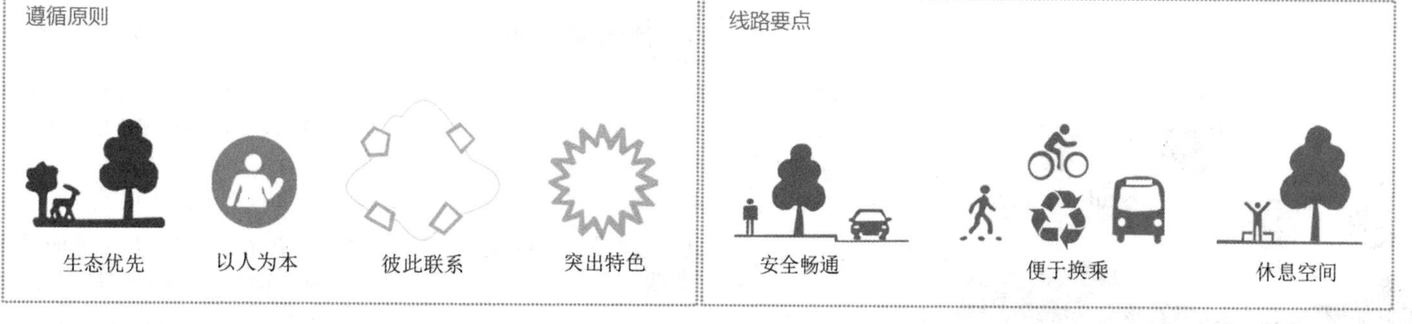

2. 旅游线路规划

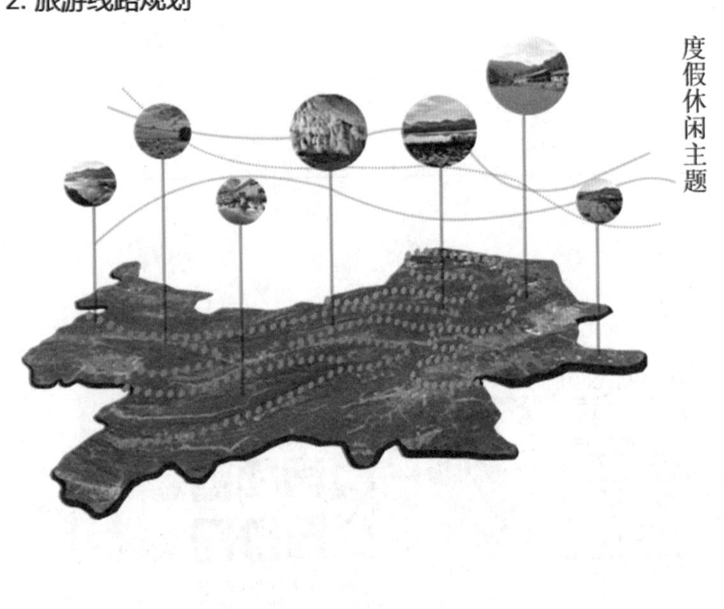

度假休闲主题

滨水度假专线

江州造船厂遗址—码头港望江—码头桃花山庄休闲

赤湖候鸟保护区生态回归—赤湖水上运动娱乐—赤湖度假村休闲

赛湖渔业基地游览—赛湖农家乐体验

铜玲遗址探寻—江家岭古村体验

山地度假专线

郎君山森林公园攀登—饶河山庄休闲

人民机械厂遗址—秦山森林探秘—秦山度假山庄休闲

一乡陵园缅怀—双巷桥观址—肇陈农家体验

新民机械厂遗址—峨眉山溶洞群探秘—横港水库农家乐体验

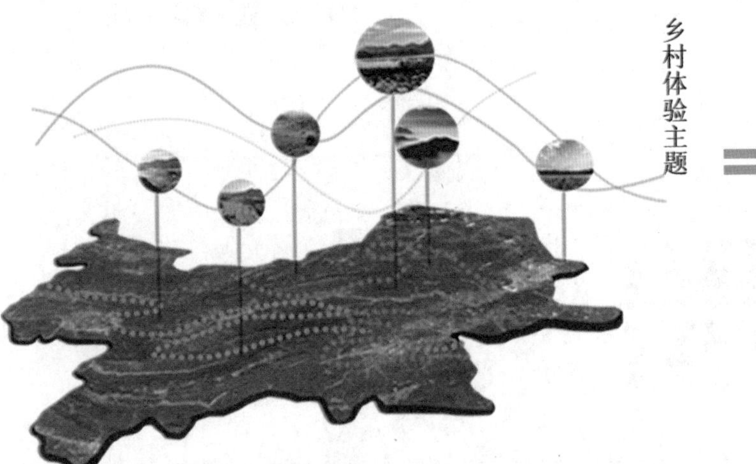

乡村体验主题

乡村民宿体验专线

滨江公园观赏—赤湖水上运动娱乐—赤湖民宿风情体验

郎君山森林公园游览—城隍庙祈福—龙潭水库民俗风情体验

桂林桥遗址—赛湖水上运动娱乐—赛湖民宿风情体验

江家岭古村游览—洪下矿泉探奇—肇陈农家体验

秦山生态森林游览—乌石河观光—横港水库农家体验

乡村野趣体验专线

双巷桥游览—新民机械厂观址—横港水库野趣体验

495厂遗址—秦山森林徒步—秦山野趣体验

红豆杉探险—肇陈野趣体验

科考探险主题

岩溶地貌科考探险专线

秦山原始森林地貌探奇—高半林场寻秘—瑞昌林科所解读

红豆杉林探奇—峨眉溶洞群寻秘—横港水库深入

赤湖候鸟保护区亲近—武蛟温泉寻秘

历史遗迹科考探险专线

码头港寻源—江州造船厂深入—九州船用机械厂答疑

新民机械厂始源—人民机械厂考察—459厂关联

苏维埃政府遗址搜寻—双巷桥遗址再探—桂林桥遗址深入

铜陵遗址考察—江家岭古村探秘—瑞昌博物馆答疑

城隍庙寻源—龙泉寺深入—秦山道教文化关联

瑞昌博物馆—赤湖候鸟保护区—赤湖渔业养殖基地

码头港观望—江州造船厂考察—九州船用机械厂关联

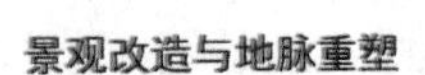

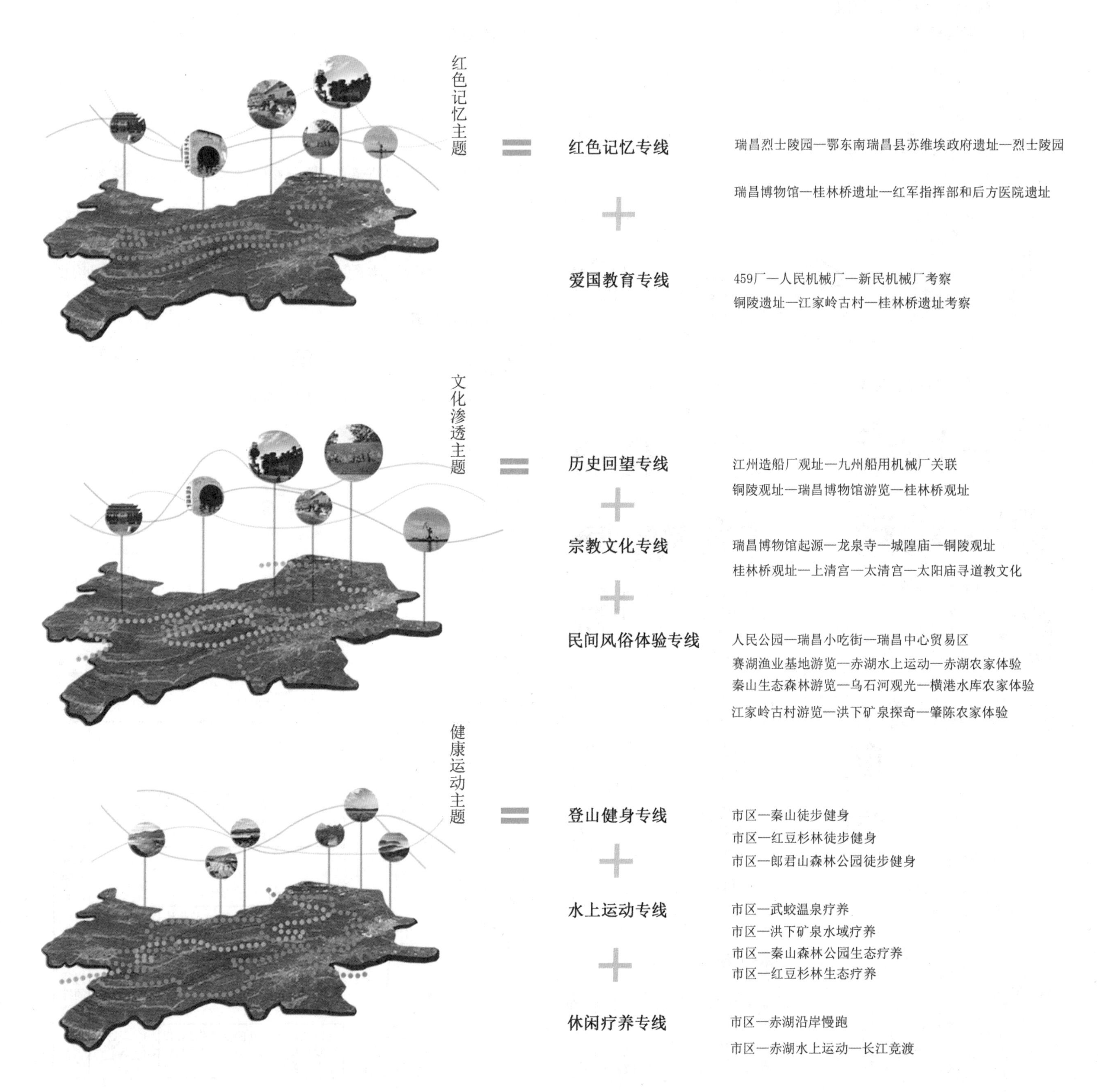
红色记忆主题
=
红色记忆专线
瑞昌烈士陵园—鄂东南瑞昌县苏维埃政府遗址—烈士陵园
瑞昌博物馆—桂林桥遗址—红军指挥部和后方医院遗址
+
爱国教育专线
459厂—人民机械厂—新民机械厂考察
铜陵遗址—江家岭古村—桂林桥遗址考察
文化渗透主题
=
历史回望专线
江州造船厂观址—九州船用机械厂关联
铜陵观址—瑞昌博物馆游览—桂林桥观址
+
宗教文化专线
瑞昌博物馆起源—龙泉寺—城隍庙—铜陵观址
桂林桥观址—上清宫—太清宫—太阳庙寻道教文化
+
民间风俗体验专线
人民公园—瑞昌小吃街—瑞昌中心贸易区
赛湖渔业基地游览—赤湖水上运动—赤湖农家体验
秦山生态森林游览—乌石河观光—横港水库农家体验
江家岭古村游览—洪下矿泉探奇—肇陈农家体验
健康运动主题
=
登山健身专线
市区—秦山徒步健身
市区—红豆杉林徒步健身
市区—郎君山森林公园徒步健身
+
水上运动专线
市区—武蛟温泉疗养
市区—洪下矿泉水域疗养
市区—秦山森林公园生态疗养
市区—红豆杉林生态疗养
+
休闲疗养专线
市区—赤湖沿岸慢跑
市区—赤湖水上运动—长江竞渡

七、经济产业链条发展

1. 找准发展模式

(1) 确定发展源

江州造船厂遗址，工业旅游时代特有的IP优势，周边大量的客源，以及下巢湖特有的工业风光。

(2) 确定附近交通关系

距离瑞昌市区50min车程，位于庐山脚下，与湖北隔江相望且有高速公路连接。距离九江机场仅90min车程。

(3) 确定发展模式

造船厂遗址依托于“型”＋“文创发展”模式，利用工业旅游来发展热度，发挥周边交通人文优势并结合自然风光，形成相对和互补的人文自然的综合园区。

选取其中江州造船厂特色要素，作为未来发展文创产品的出发点。在其中开发相应的工艺馆、手工馆和博物馆，实现整个文创旅游路线的串联。

2. 引入乡村创客，促发新型产业点

3. 全民参与，共建共生

创客
创客根据当地文化改造、创新文创产品。

原住民的技能培训，服务技能、线上支付培训、餐饮卫生标准、网络服务技能。

发展扩大产业面，吸引各地创客，将创客和居民作用融合，新老居民、新兴产业与传统产业共存共生、持续发展。旅游的发展必定促进衣食住行的需求增多，帮助一二产业的重新发展。

(1) 宣传打造

博物馆　自行车环道

科普教育模式

(2) 潜在活动开发

摄影大赛　芦苇音乐节　文创产品比赛

4. 运营模式

(1) PPP＋互联网

PPP（Public-Private Partnership），又称PPP模式，即政府和社会资本合作，是公共基础设施中的一种项目运作模式。

经营模式
租赁　开发

(2) 盈利阶段

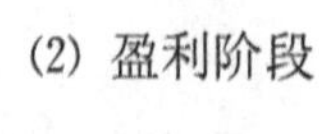

单一盈利模式　单一链条
组合盈利模式　拓展链条
动态组合盈利模式　经济链条多元化

5. 盈利链条

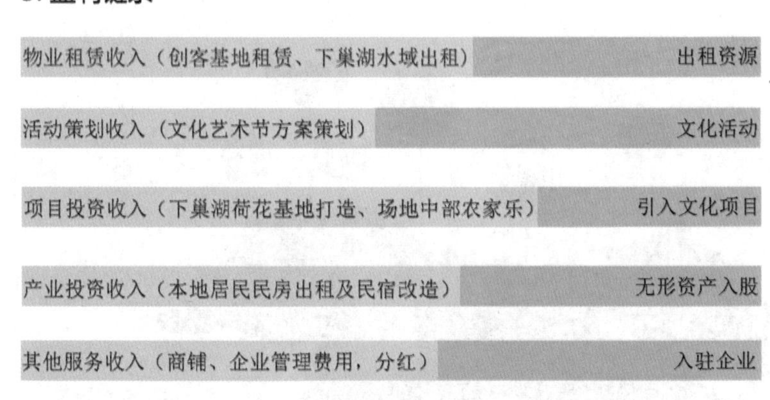

6. 开发发展模式

7. 开发时序

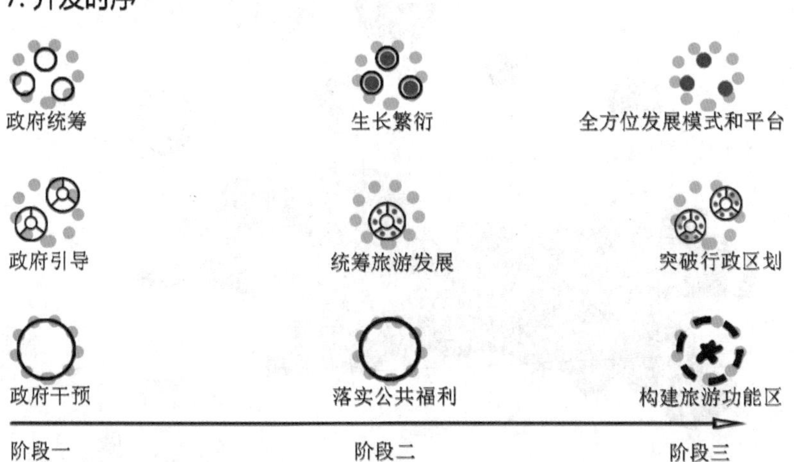

8. 区域联动发展战略

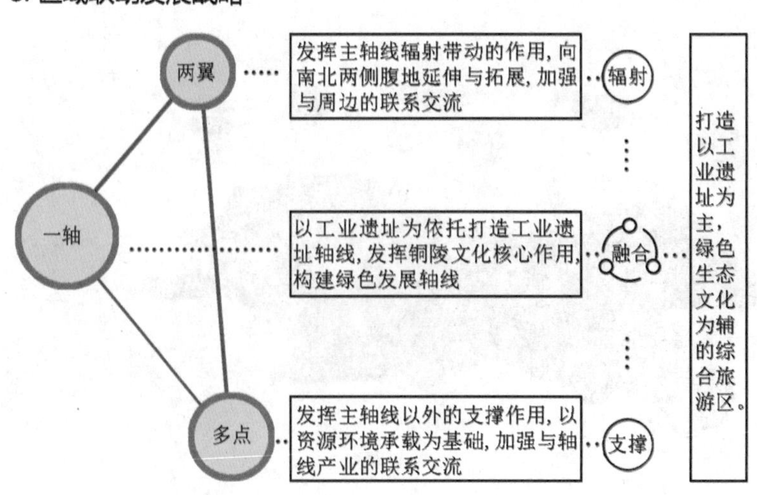

八、标志设计

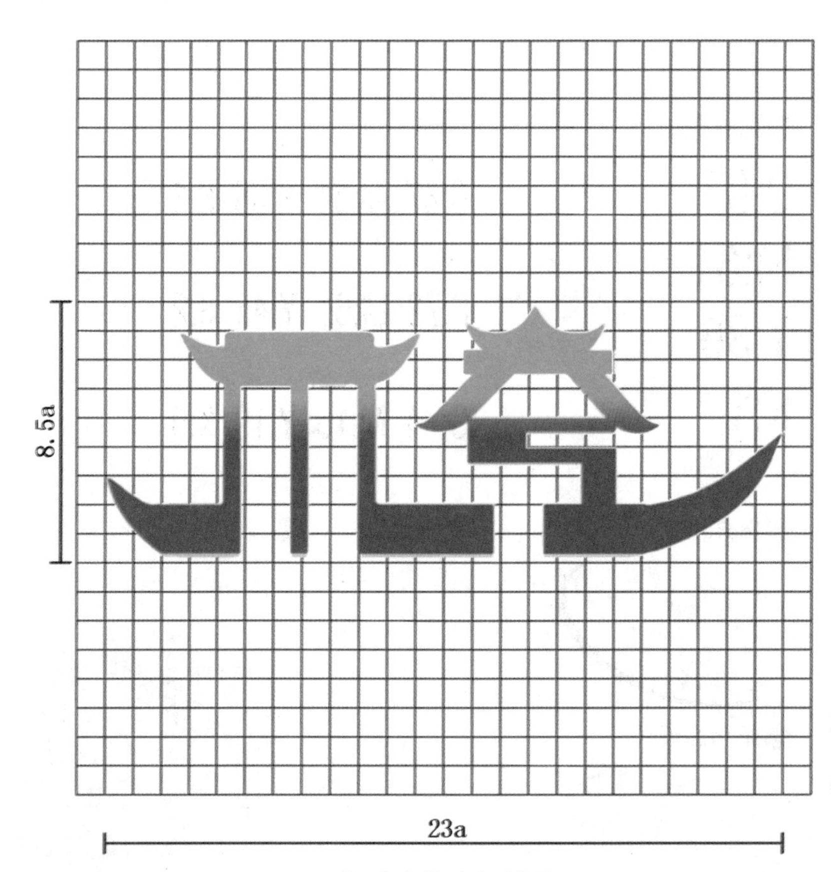

标志方格坐标制图

设计说明

LOGO的创意来自刳字，简单的一个字道出了朴实的匠人精神。标志颜色提取下巢湖与天空的蓝色系，构成渐变的色彩。整个LOGO形似一艘行驶在江中的小船，船身倒映着湖光水色。标志寓意江州的小船在全域旅游新思路的引领下扬帆起航，未来充满希望。

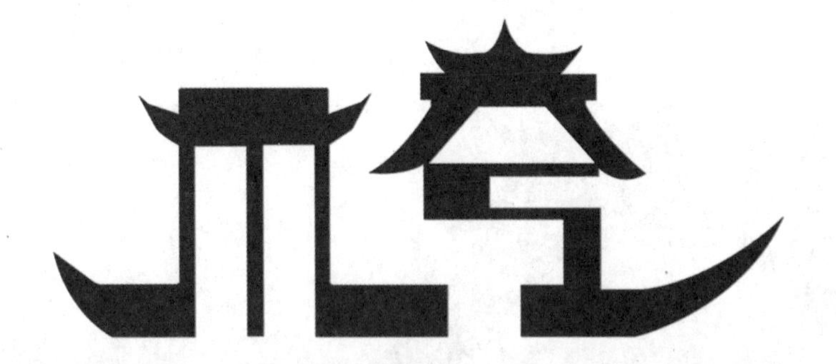

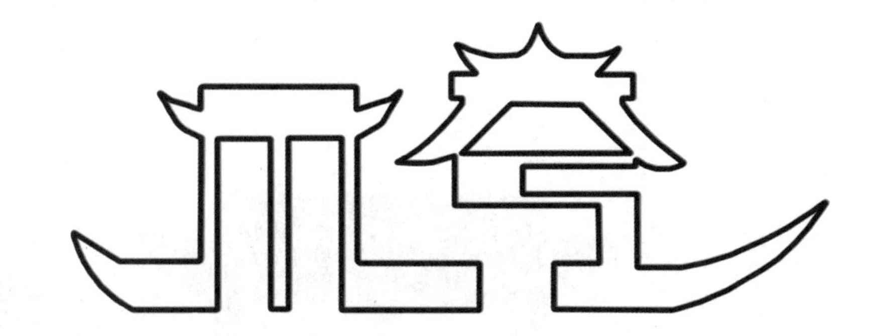

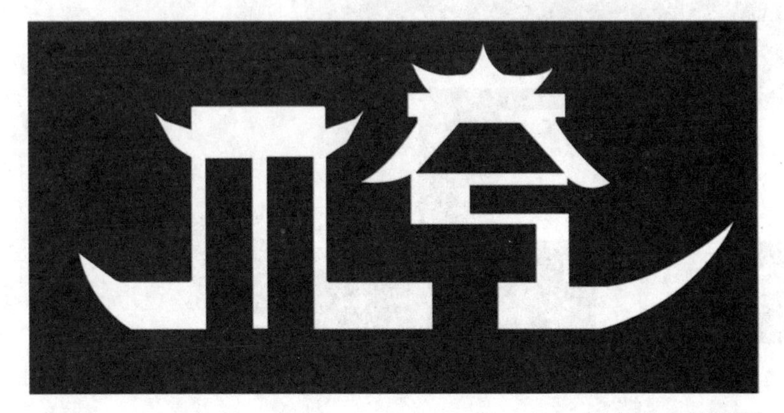

标志反白效果图

标志墨稿

■标准字字体

江州古埠

江州古埠

■专用印刷字体

瑞昌・江州古埠　方正姚体

瑞昌·江州古埠　微软雅黑

瑞昌・江州古埠　黑体

瑞昌・江州古埠 华文隶书

瑞昌・江州古埠 方正舒体

■英文印刷字体

Cambria

■标准色

C:87
M:61
Y:36
K:1

■辅助色

C:87 M:61 Y:36 K:1

C:72 M:61 Y:45 K:2

C:74 M:16 Y:19 K:0

■餐具设计

■纪念品设计

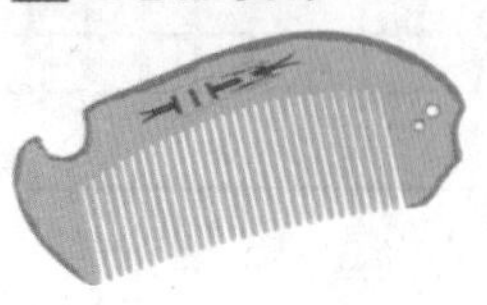

■T恤设计

九、标识设计

1. 一级标识

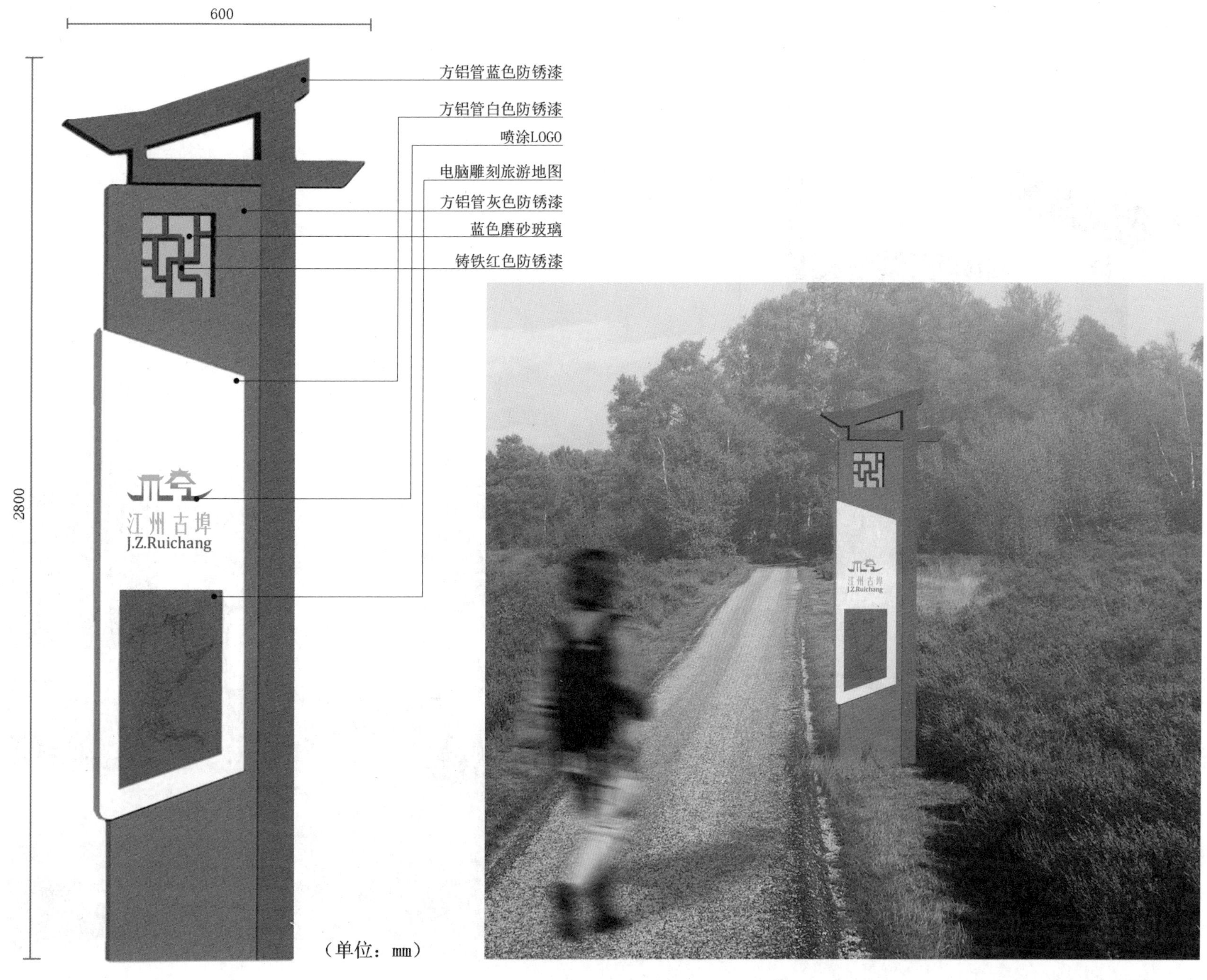
600
2800
方铝管蓝色防锈漆
方铝管白色防锈漆
喷涂LOGO
电脑雕刻旅游地图
方铝管灰色防锈漆
蓝色磨砂玻璃
铸铁红色防锈漆
江州古埠
J.Z.Ruichang
（单位：mm）

（单位：mm）

2. 二级标识

博物馆
Museum
动漫基地
Anime base

江州古埠
博物馆
Museum
动漫基地
Anime base

3. 三级标识

小心地滑
Beware of slippery

小心地滑
Beware of slippery

4. 不同材质打印

5. 车身广告

十、门票设计

正面

背面

正面

背面

十一、手机app界面设计

NO.3

方案一南部调研

第三部分 方案一南部调研

一、江州造船厂南部场地环境概述

南部厂区位于一个山谷区域。场地西侧为一个开敞空间，阡陌交错、原生村落立于田间，故景观视线遮挡面较小，而东、北、南侧则均被紧邻的山体所环抱，景观视线相对局促。周边原生环境较好，但山体存在局部被开采的情况，斑驳、裸露的山体对沿山天际线景观风貌的影响较大，对整体环境的空气质量也会产生较大的威胁。

南部区域原为生产用地，但现已全部停止生产。场地内的所有厂房、集装箱堆放区、材料堆放区、生产设施、仓库等基本废弃。

场地内的原生环境构架基本存在，植物群落较为丰富，原生的芦苇荡以组团式散点分布于南部区域内；同时也有部分野生动物出没，如野兔、豺猫、林蛙、灰雁等；场地内还有一条河道穿插其间，由于以前工业用地的性质，工业废水的肆意排放，导致河道环境非常恶劣。

南部厂区现状平面图

南部厂区索引图

南部厂区现状鸟瞰图

1. 场地空间结构分析

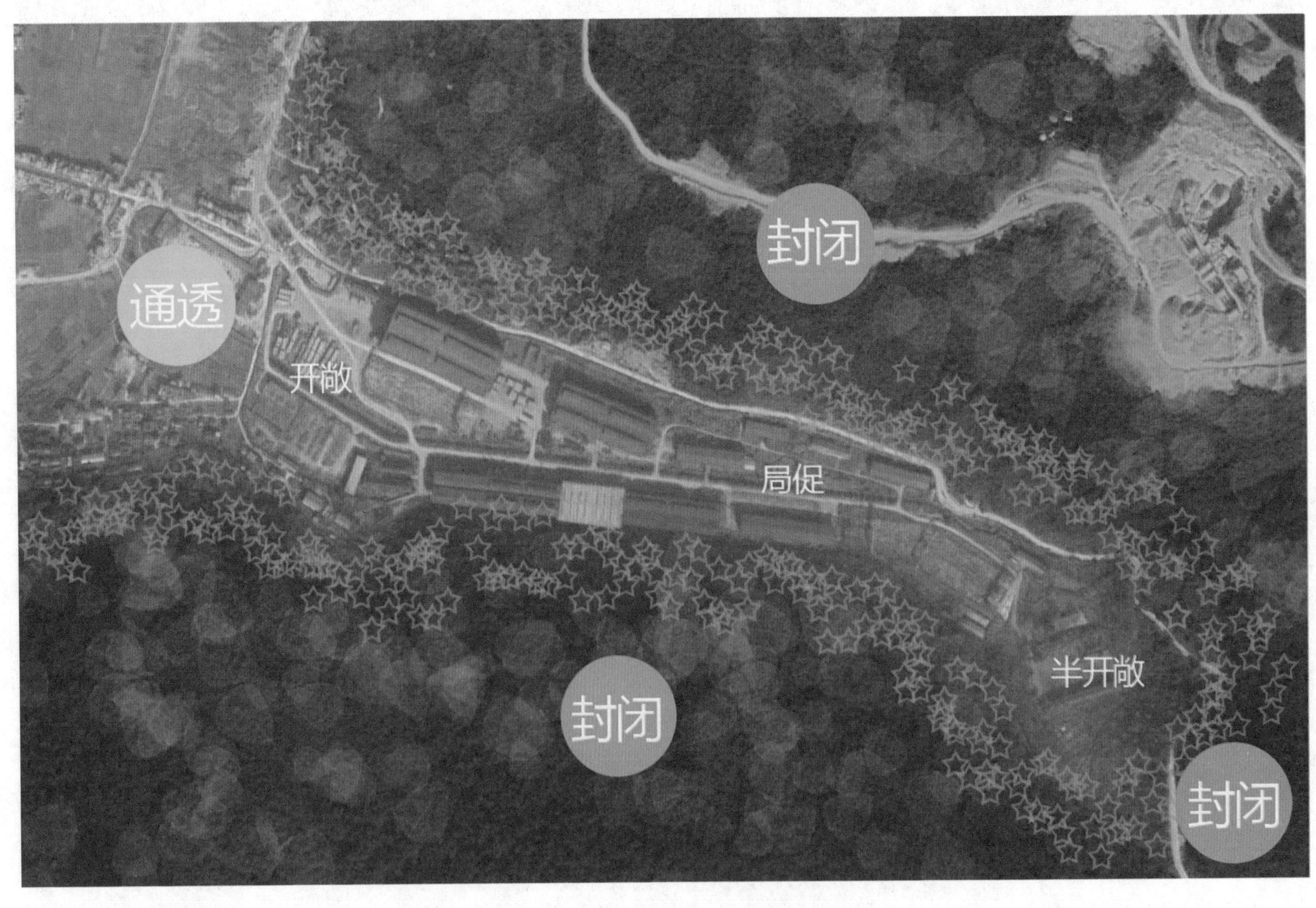

2. 场地建筑类型分析

3. 场地功能分析

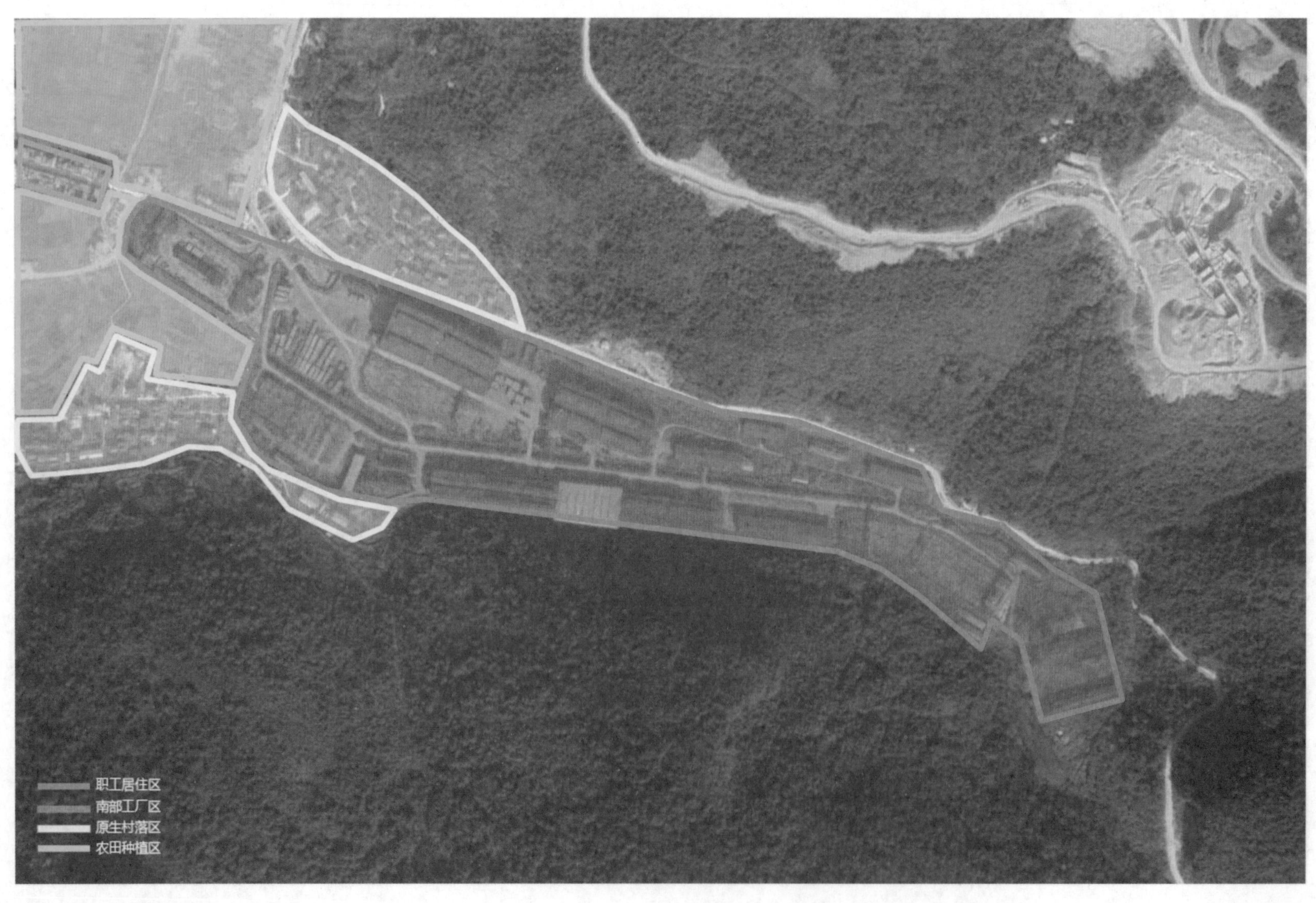

4. 场地道路分析

5. 场地剖面分析

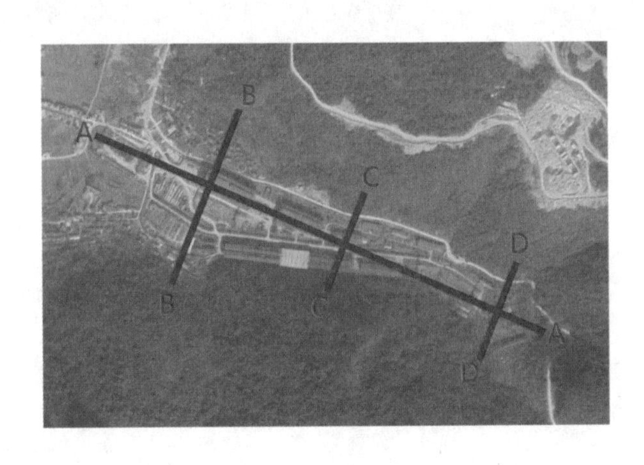

A-A剖面图

B-B剖面图

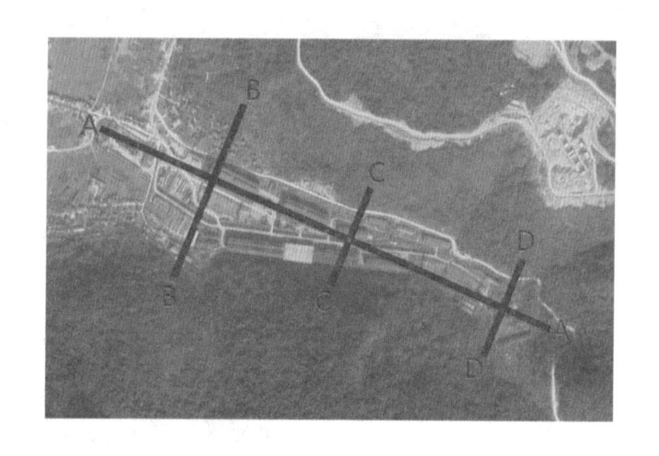

C-C剖面图

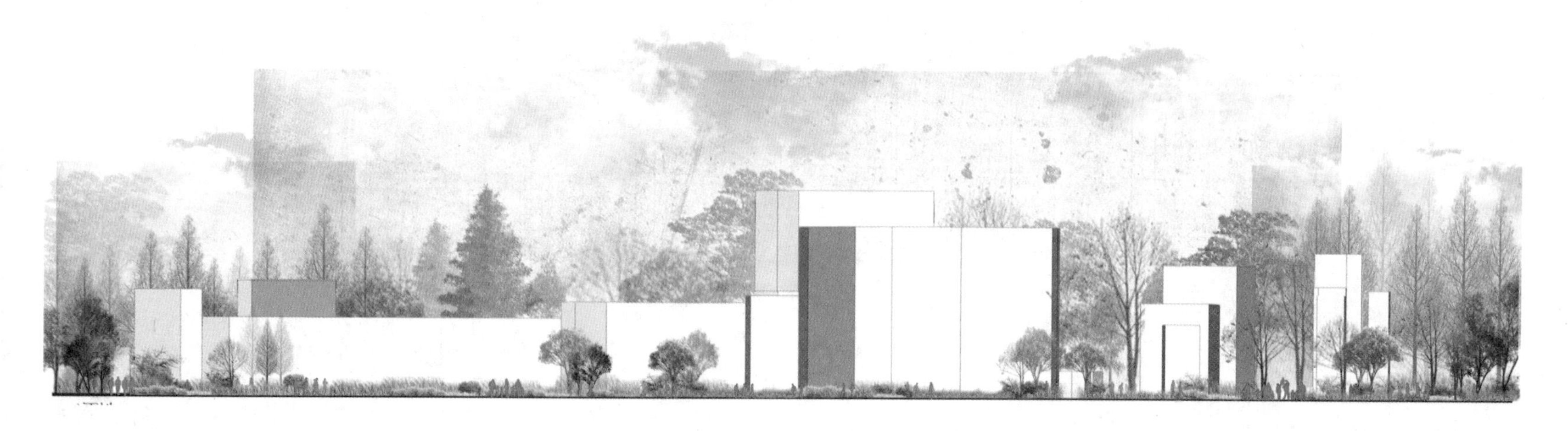

D-D剖面图

二、207厂厂房调研

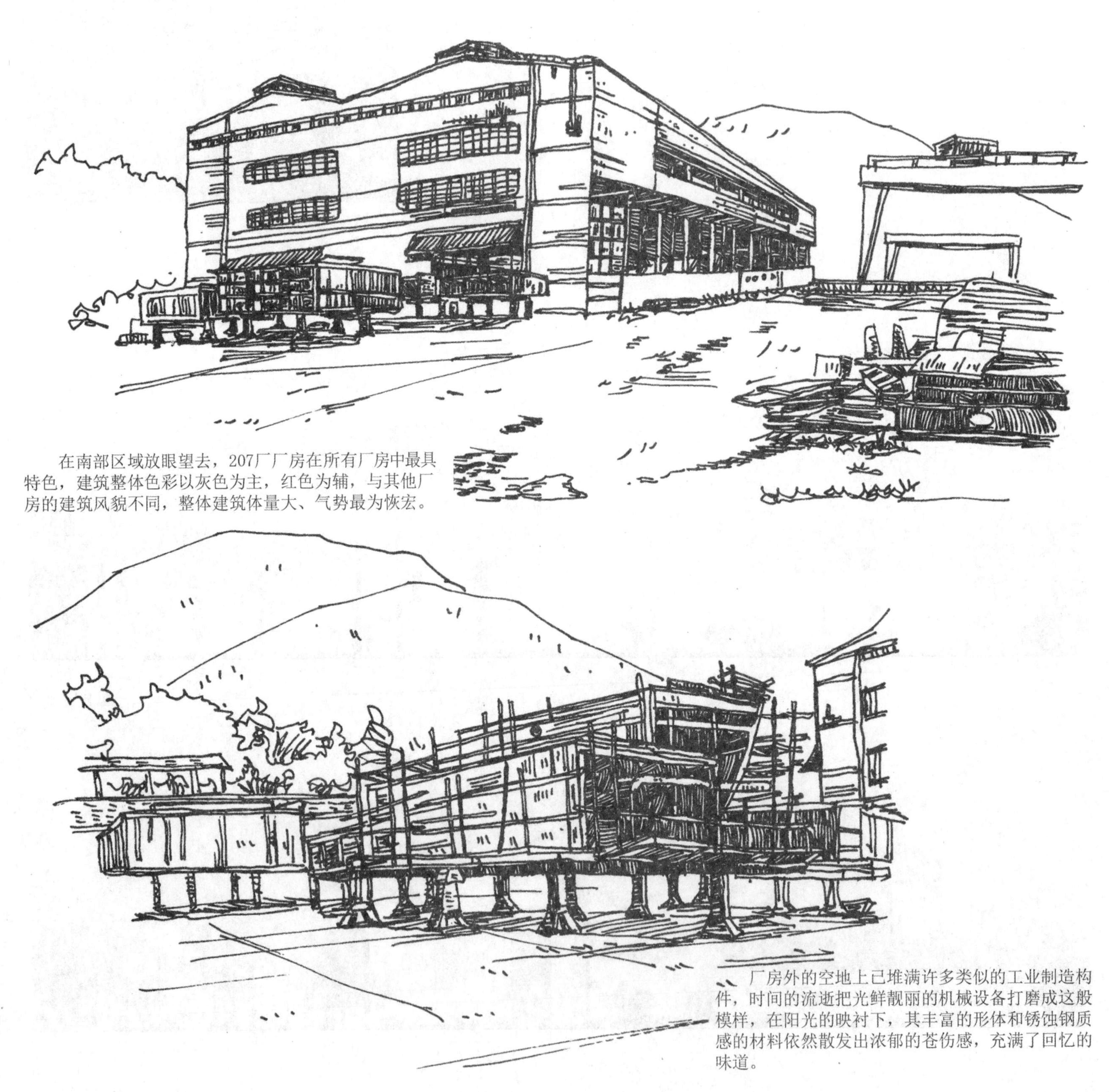

在南部区域放眼望去，207厂厂房在所有厂房中最具特色，建筑整体色彩以灰色为主，红色为辅，与其他厂房的建筑风貌不同，整体建筑体量大、气势最为恢宏。

厂房外的空地上已堆满许多类似的工业制造构件，时间的流逝把光鲜靓丽的机械设备打磨成这般模样，在阳光的映衬下，其丰富的形体和锈蚀钢质感的材料依然散发出浓郁的苍伤感，充满了回忆的味道。

场地内有多栋类似的废弃建筑，都是砖混结构厂房，但建筑结构都保存完好，厂房外部风格都是旧工业时期典型风格，红砖加混凝土的色彩诉说着浓浓的时代气息，斑驳的墙体表面留下来许多生锈的工业构架，历史遗留的痕迹处处可见。

厂房外部的道路两旁还伫立着几十年前栽下的白杨，道路两旁现已是杂草丛生。

该机器为制造船舶某个部件的锻造设备，现已废弃，可考虑后期科教、展览、陈设或景观装饰作用。

207厂厂房为南部场地内较大的厂房，其主体为砖混和钢架结构，结构保存较为完好，虽有历史遗留痕迹，但结构稳定，承载力较强，室内空间高，后期可考虑在室内利用挑空方式增加2～3层空间，用于历史物件及影像资料的展陈。

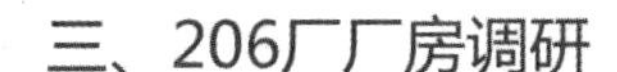

三、206厂厂房调研

该船舶厂房是一类用以生产货物的大型工业建筑物。大部分工厂都拥有以大型机器或设备构成的生产线用以船舶制造、船舶组装、船舶维修。厂房主要以钢架结构为主，内有吊装设备，用于船舶结构的制造组装维修等。虽然厂房现已经基本废弃，但仍然能让人感受到工厂运行的氛围。

厂房内一个角落的设备，用于船舶生产配件的设施。陈旧的零件满是斑驳的锈迹，搬迁时的样子还依旧没有改变，一个角落也带给人关于那个时代的思考，后期改造可考虑用于装饰类构建，提升三线建设时期的社会贡献的荣誉感。

四、205厂厂房调研

205厂厂房建筑结构基本完好，墙体破
墙面老化，周边空地杂草丛生，道路泥泞湄
远处有蜿蜒盘旋的绿色山脉，自然风光与工
遗产交相呼应。

厂房内部结构主要为桁架结构，虽然年代较久远，但结构依然完好，没有影响结构的破损与断裂痕迹，结构框架与其他厂房的特点相似，厂房除钢架结构外，还有大量废弃的工业制作设备以及工业废旧残骸。

五、204厂厂房调研

204厂厂房为钢架结构，结构保存较为完好，由于废弃后，外部荒草丛生，后期可以改造为文创旅游附属配套功能空间，如：冷、热饮卖场，快餐厅，茶餐厅，便利店等，对周边的杂草进行优化处理、修建景观小广场等。

六、203厂厂房调研

场地内建筑结构形式单一，均为常规制式的工业厂房，缺乏艺术体验感，建筑内部的空间结构也很单一，无法实现多功能的体验需求。需要在后续改造中对大空间进行有效划分，实现建筑内部空间的功能多样化特点。

203厂厂房整体采用砖混结构，周边公共设施缺失，植被种植杂乱无章，随处可见野草丛生，场地道路质量也较差。

203厂厂房为钢架结构，结构保存较为完好，虽有历史遗留痕迹，但结构稳定，承载力较强，可以改造为固定场所如：电影院、剧场、乡土手工艺展示厅等。内有部分遗留设施，可作为各类艺术陈列品开发使用。

七、芦苇荡钢材堆砌场调研

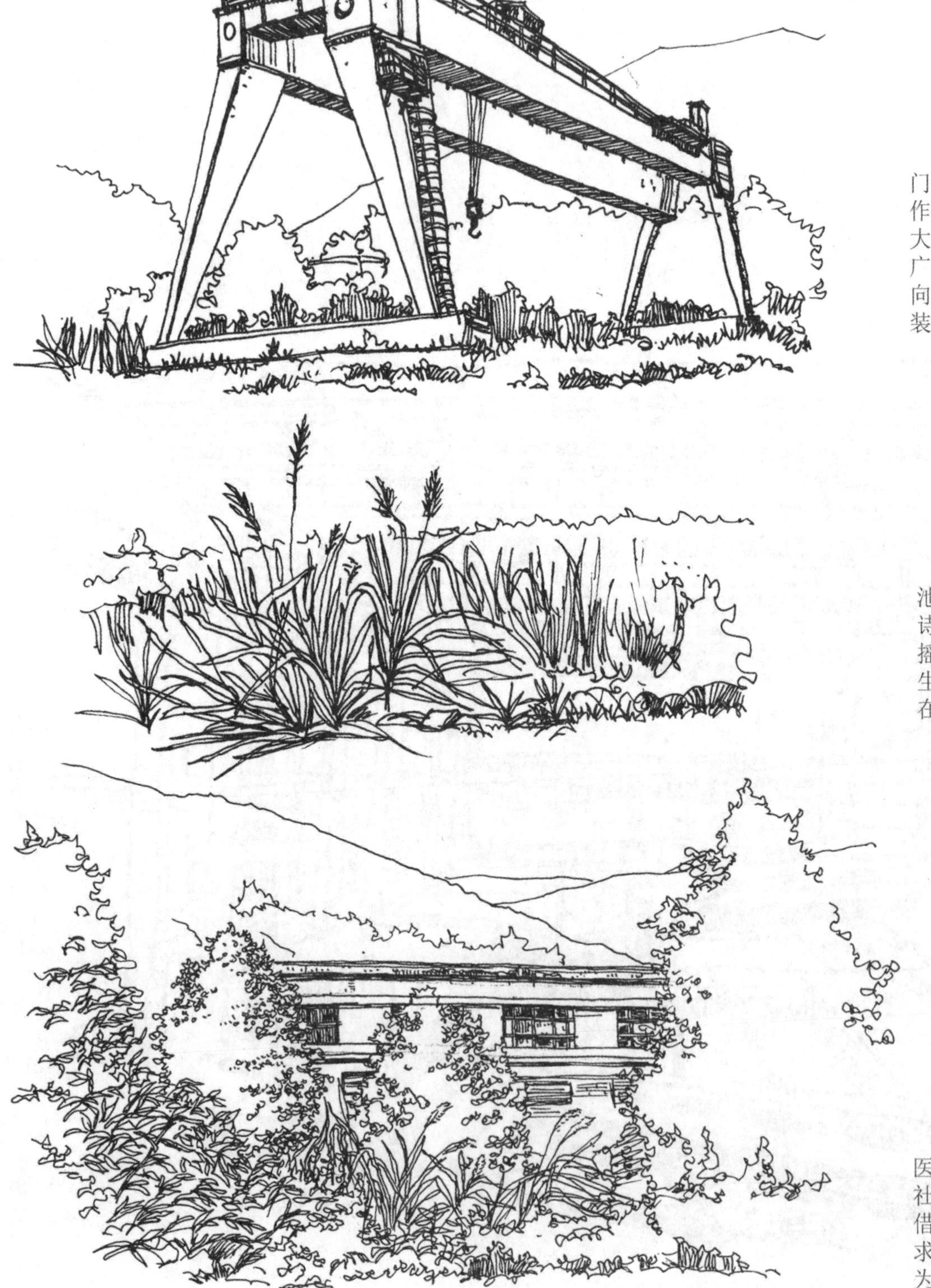

门式起重机是桥式起重机的一种变形，又叫龙门吊。主要用于室外的货场、料场货、散货的装卸作业等。门式起重机具有场地利用率高、作业范围大、适应面广、通用性强等特点，在港口货场得到广泛使用。虽然现在已经废弃并未使用，它依旧能向世人展示出三线建设时期的丰碑；可以对其进行装饰、改造、利用，使其发挥余热。

芦苇是多年水生或湿生的高大禾草，多生长于池沼、河岸、溪边浅水地区，常形成苇塘。余亚飞诗称：“浅水之中潮湿地，婀娜芦苇一丛丛；迎风摇曳多姿态，质朴无华野趣浓”。场地内有大片野生芦苇，是场地改造中非常具有优势的自然条件，在后期改造中应该更好利用这一优势。

三线建设时期的特殊环境下，许多三线单位的医院、商店、学校设施一应俱全，成为一个封闭的社会。在那个时期，这里每天都会有职工在此生活。借助场景体验优势，积极挖掘场地背后的故事，寻求旅游看点。职工宿舍可考虑结合旅游发展，改造为具有地域特征和时代特色的民宿客栈。

八、职工房调研

居民自建红砖房已经破旧、废弃，后期可以根据场地条件，局部保留，其余进行拆除，作为景观用地，修建供旅游观光、休闲游玩的场地。

原为船厂宿舍区域，现已基本停用，房屋结构为砖混结构，保存较好，现已无人居住，但较为整洁，显得有些凄凉。道路两旁有许多破旧的、由当地居民自建的红砖房，道路两旁荒草丛生，堆放有许多生活废品，后期统一整改后，可以作为旅游观光者居住的民宿客栈等。

南部厂区家属院建筑质量不高，多为破旧砖木结构房屋，建筑窗户也多为年久失修的状态，现仅有少数人在此居住。

家属院附近现有许多废弃的生产设备，已经成为周边环境的负担。

家属院还有一些建筑为砖混结构，三层楼高，外墙为红砖和灰砖，周围环境也是非常萧条，在此居住的人也不多了。

NO.4

南部环境
方案一改造设计

第四部分 方案一南部环境改造设计

一、南部环境改造设计理念

芦苇荡音乐一起，紫霞一袭红衣，从芦苇荡中撑船而来。一场前世今生的故事正等着她……

一段音乐荡起一场往事，江州往事从芦苇荡中纷至沓来，勾起一代人的记忆。江州的前世已经落幕，今生已寄托时代情感的形式重新出发。

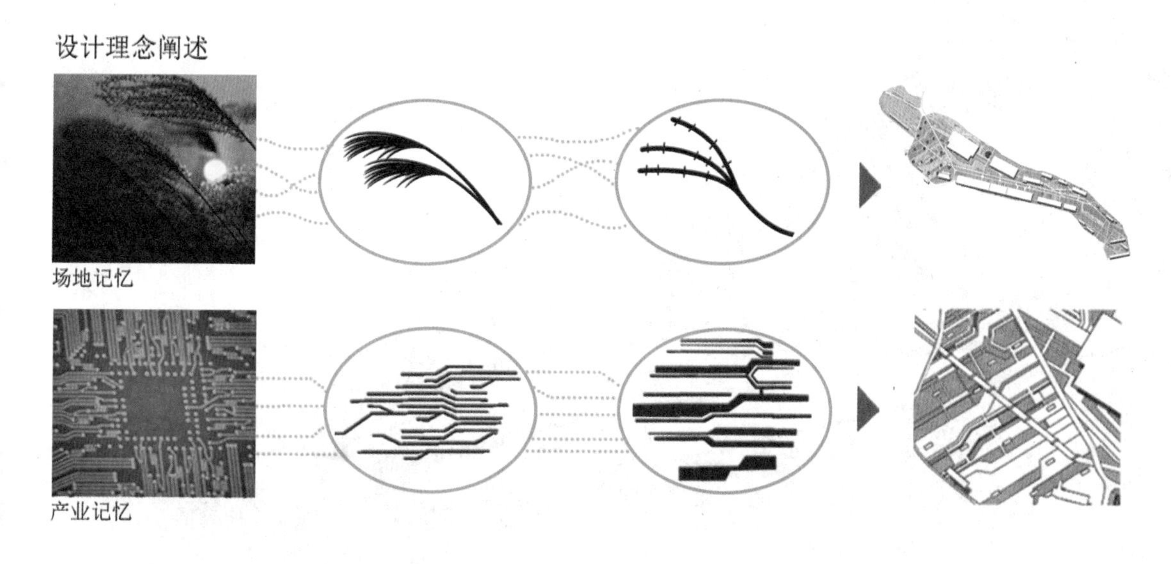

方案通过对江州船厂南部区域重要物群——芦苇的形状提取，结合场地新的文创旅游为核心的产业格局，系统塑造空间结构与路网的布局。这正是对江州造船厂地脉重生的一个极为重要的象征，为场地塑造以情感为纽带的核心。在这里，芦苇已不单单是景观要素，而是成为记忆的文化载体和历史见证。

现实的场地如何在新的产业结构调整的大背景下，重现往日的辉煌？设计立足工业场地，借电路板的形与意提炼出律动感极强的折线形态，将其运用于场地内部空间结构的塑造。有别于柔美、优雅的芦苇形态，它展现出强大的力量感与速度感，正符合本案场所精神的宣扬与呐喊。

为了那片可亲、可爱的芦苇荡。

蒹葭者，芦苇也，飘零之物，随风而荡，却止于其根， 若飘若止，若有若无， 思绪无限，恍惚飘摇，而牵挂于根，根者，情也。

相思莫不如是，露之为物，瞬息消亡。佛法云：一切有为法，如梦幻泡影， 如露亦如电，应作如是观：情之为物，虚幻而未形。

二、景观叙事情节设置体系

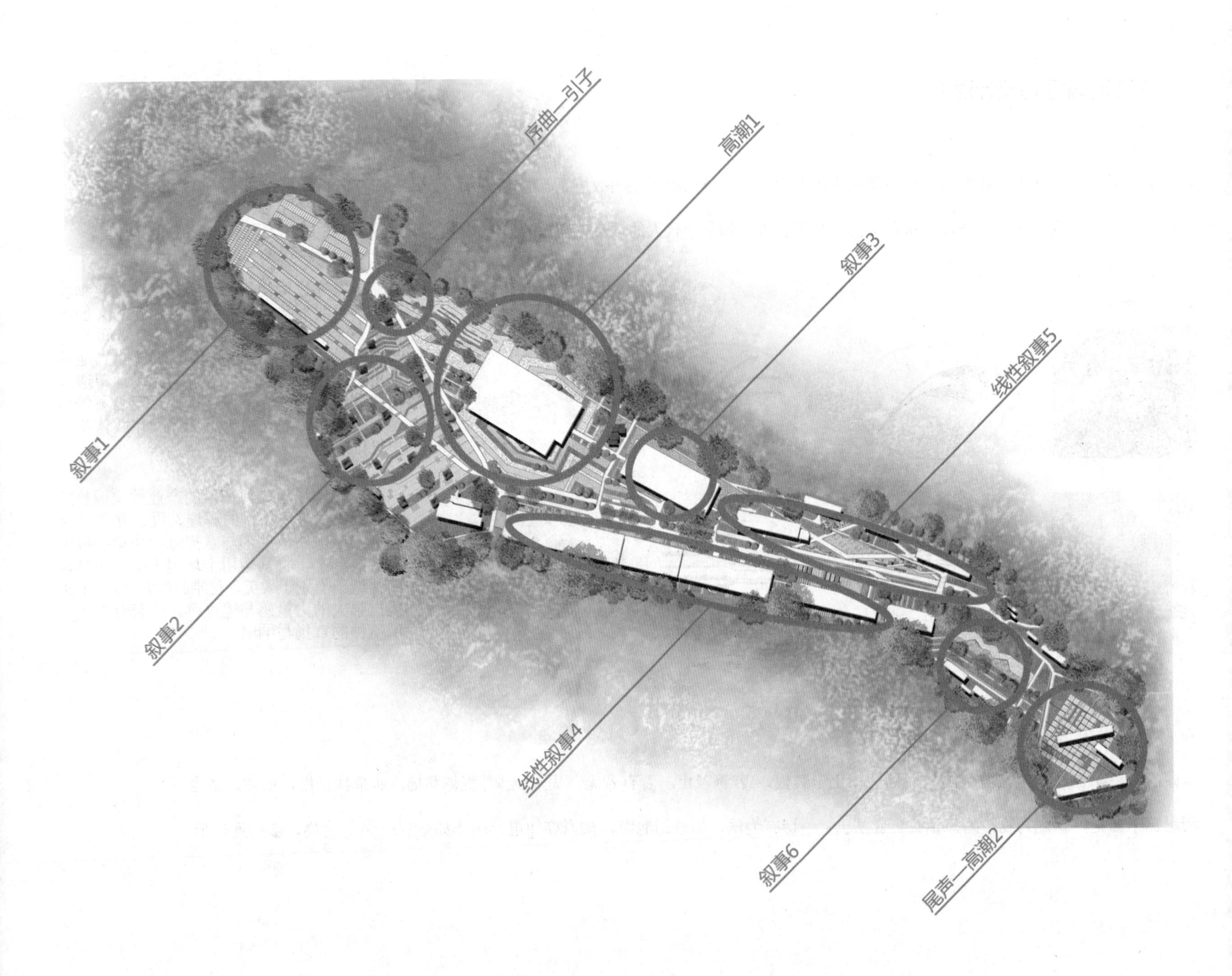

三、南部环境改造设计总平面图

项目位于江西省瑞昌市长江中下游南岸，东眺匡庐，与九江县衔接；西枕幕埠，与湖北省阳新县毗邻；北临长江，交通便利、自然风光好。然而现代社会的迅猛发展，社会产业结构的深度调整，原本在那个年代盛极一时的造船厂现已逐渐落寞，场地内留存的仅是零碎的历史记忆。

该场地为江州造船厂南部区域，场地地势平缓，道路主要为混凝土路面，部分为泥土路面，路网系统较为清晰。整个场地有保留价值的标志构筑物为大型吊摆及厂房等；主要设施有运输铁轨和传送带。场地内厂房建筑质量较好，主体为红砖结构，各个厂房遗留的设备以及工业遗留残骸的数量相当大，周边植被较为杂乱，为了石料的开采，厂房后山存在斑驳的劣态，严重影响了该区域的沿江天际线风貌。

本项目最大限度利用基地现状，尊重历史，求同存异，场地更新应有不同的功能体验。定义方案的基础时，设计已经将基地的历史演变融入到整体设计概念中，建立一个结构性方案。我们要做的就是要使这个区域在自我的挣扎中得到解脱、得到重生，重现往日辉煌。设计不想带走什么，也不想强加什么，只是试图聆听这段历史见证者的物语，分享些许历史的回忆。方案努力挖掘船厂背后的故事，这个演化的焦点尤为重要，实现设计方案和场所精神的重要关联，同时让不同的场所与活动共同构成一个场景体验网络，让人们重新认识它，重新感受它。

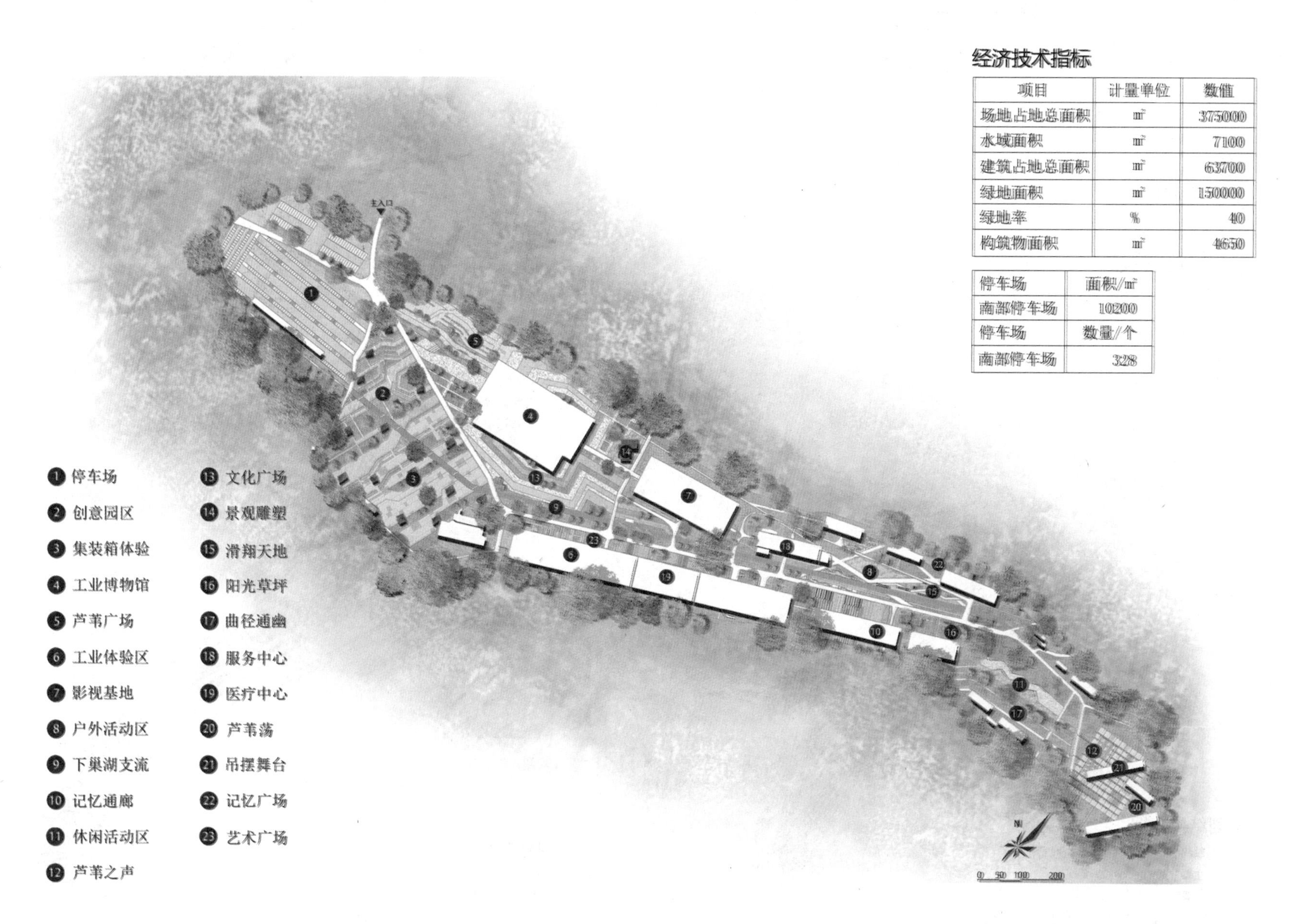

经济技术指标

项目	计量单位	数值
场地占地总面积	m²	375000
水域面积	m²	7100
建筑占地总面积	m²	63700
绿地面积	m²	150000
绿地率	%	40
构筑物面积	m²	4650

停车场	面积/m²
南部停车场	10200
停车场	数量/个
南部停车场	328

四、南部环境改造设计分析

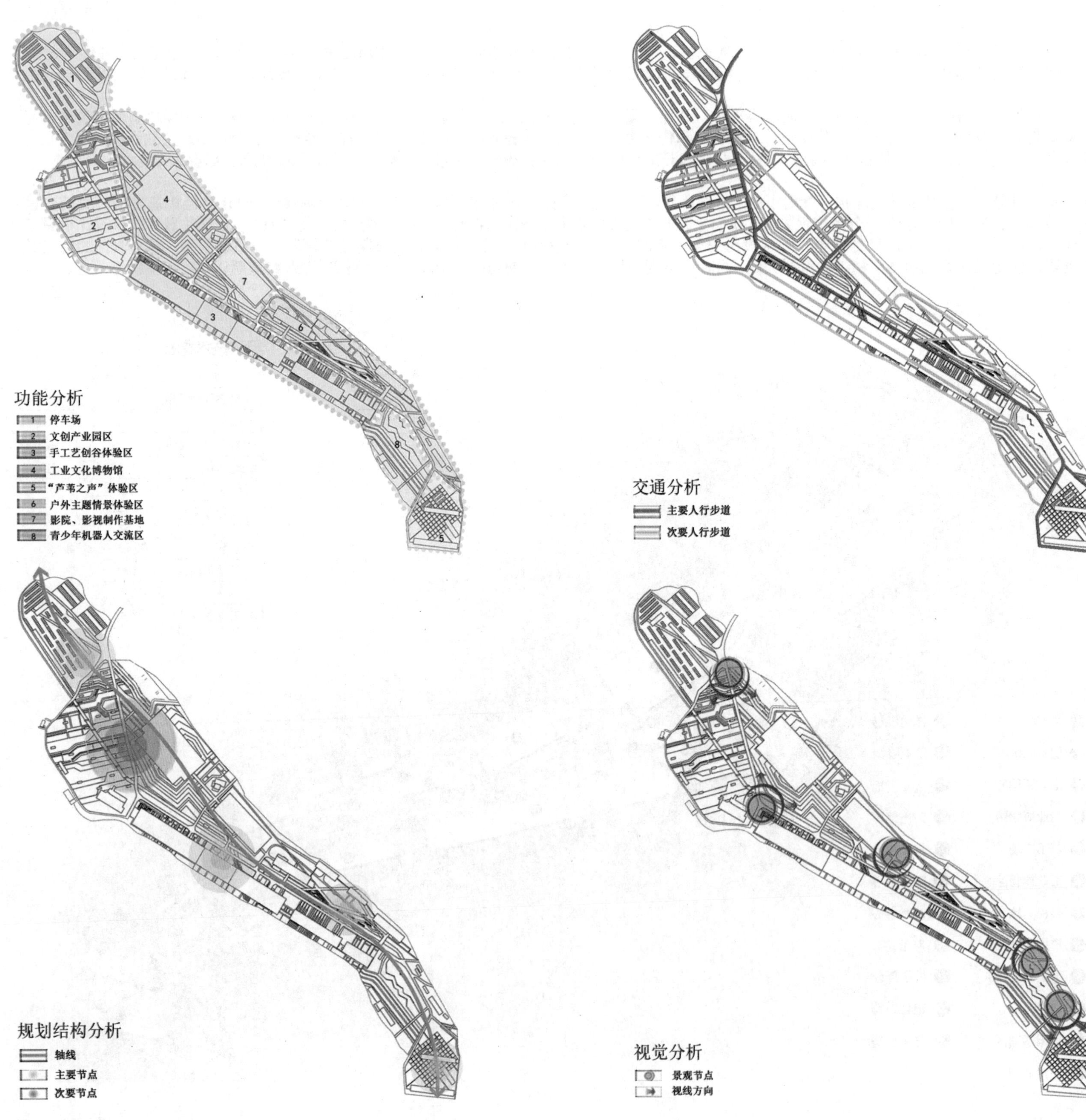

五、南部环境改造设计鸟瞰图

本项目通过景观叙事的造园手法，以场地丰富的历史材料为设计创作依据，同时着眼于工业场地空间的序列性和韵律性，共同营造具有现代工业与人文情怀的场所精神。在场地内不仅可以展示出地域文脉层面上的丰富特点，而且在叙事层面上也有深刻的意义。

场地内的原生要素会被赋予一种特殊意义，厂房、小径、院落、水渠、芦苇……设计将这些故事的片段串联起来，谱写新时期的场所精神。造船工业文化博物馆是场地内体量最大的建筑物，也是景观结构的核心，在景观叙事安排上，它是整个事件中的一大高潮。改造后的红色构架是芦苇荡中一袭红衣的象征，红色铺装的主要路网则是通过其鲜明的色彩暗喻场地重生的生命线，将整个场地的各类元素进行有机串联，即艺术场地创作灵感的来源。场地还被赋予一个更高层面的内涵，即工业景观在现代社会中的价值与意义，这也是整个场地艺术创作需要重点面对的命题。

六、南部环境改造设计夜景鸟瞰图

七、分区设计

1. 文创园区

文创园区包括创意园区和集装箱体验区，是整个南部场地景观叙事结构体系中第二个故事展开的重要载体。该区域的设计一方面要考虑区域内河道的整治及其与周边环境的匹配关系，以生态河道的处理方式弥补原场地重污染的环境问题；另一方面，在空间结构组织上，紧扣主题，深挖场地内核，以点、线、面三个层次布局空间功能，其中，“点”主要是区域内的集装箱建筑，有单体的、也有院落组合式的，根据功能需求，散点分布于文创园区内，其象征意义为文创产业的精神内核；“线”主要是工业场所精神的隐喻表达，同时也是信息化语汇的精准转译，当然，还包括道路系统的框架建构；“面”主要是场地内的绿地、芦苇栽植区和节点广场，充分利用原场地内主要原生植物群落——芦苇，既可以保证植物种植的地域性，又能够强化场地回忆的故事性，还能满足创客、游人对景观空间多维度的体验需求。

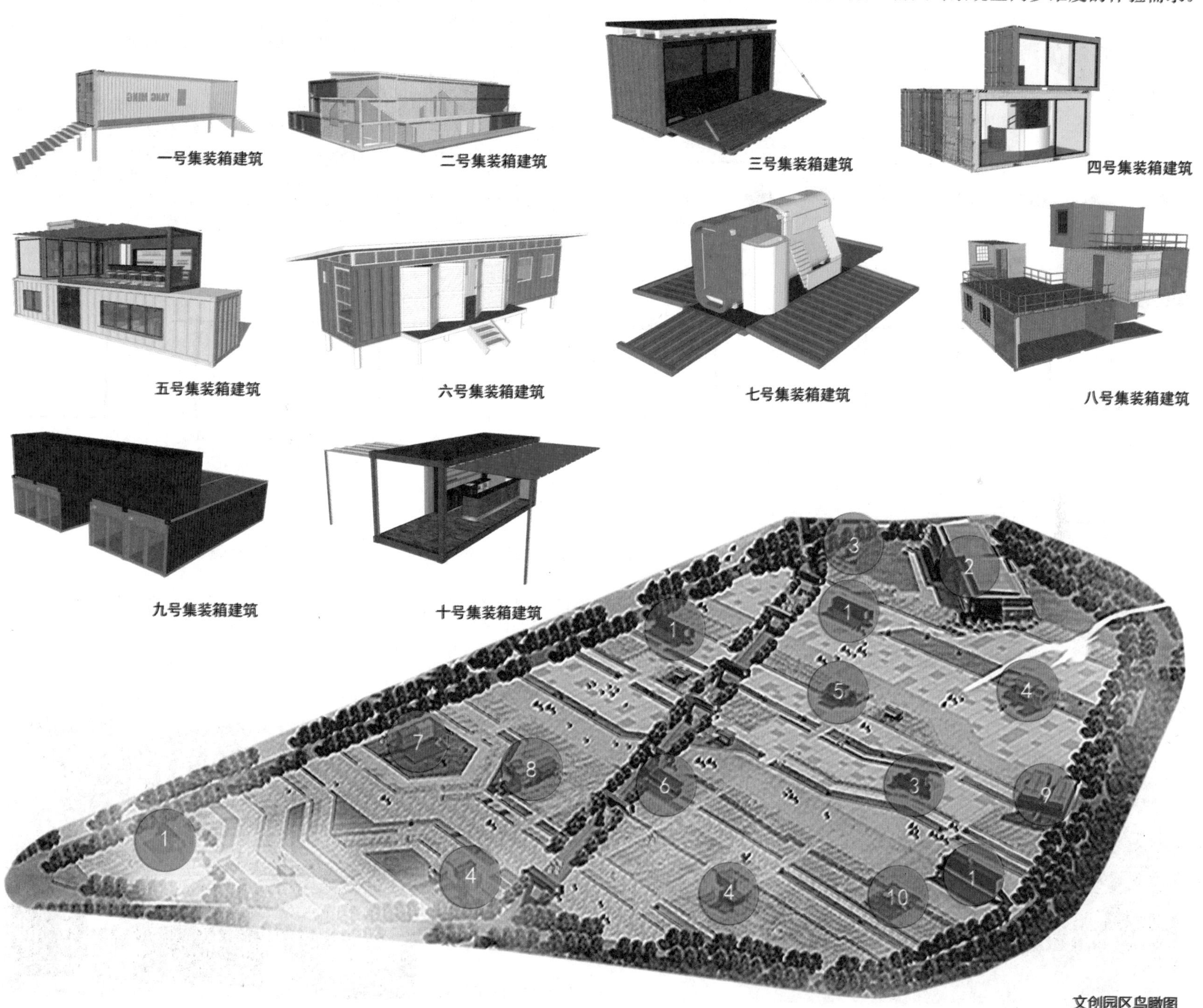

文创园区鸟瞰图

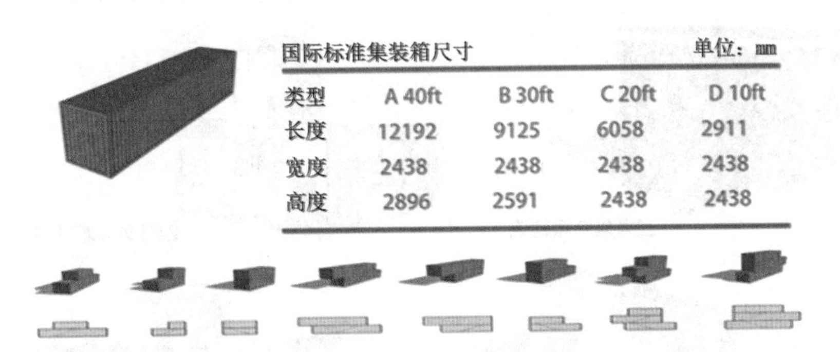

国际标准集装箱尺寸　　单位：mm

类型	A 40ft	B 30ft	C 20ft	D 10ft
长度	12192	9125	6058	2911
宽度	2438	2438	2438	2438
高度	2896	2591	2438	2438

集装箱再利用

场地内现有大量遗留的废旧集装箱，由于工厂南部区域已无生产能力，所有遗留的生产设施和设备日益成为环境的负担。设计充分考虑利用现有条件，集中将这些废旧的集装箱重新加以利用，激活其内在生命力。

人口过剩和不断迁徙成了现代人生活的标志，而自然灾害的侵袭又让多少人无家可归。传统的住房观念已经不合时宜，这也激发了人们对自我居住空间的全新思考。用集装箱来盖房子就是其中的一种新思路，它绿色环保，省时省力，非常灵活多变，相对传统住房能提供给住家更多的选择，个人、家庭、甚至是一个社区都能各取所需，一个钢铁盒子做成的房子也能充满时尚气息。

集装箱与人体尺度关系

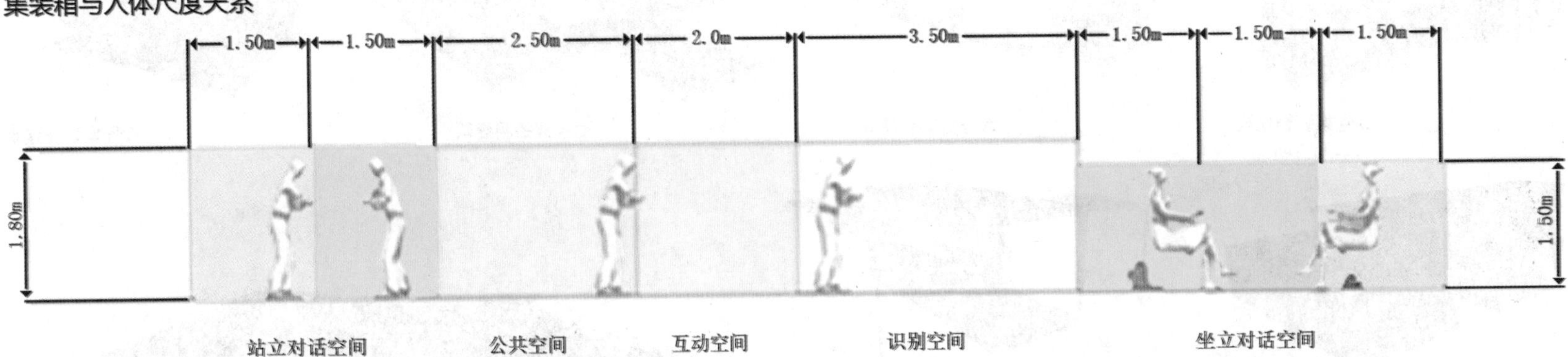

一座座充满记忆的工业遗留物在场地内以一种新的方式诞生了，他们重新回来了，重新站在了这里，重新感受着这里的一草一木，点亮创意园区的闪光点。

坚固耐用，具有很强抗震性、抗变形能力。

拆装方便，性能优越，使用寿命时间长。

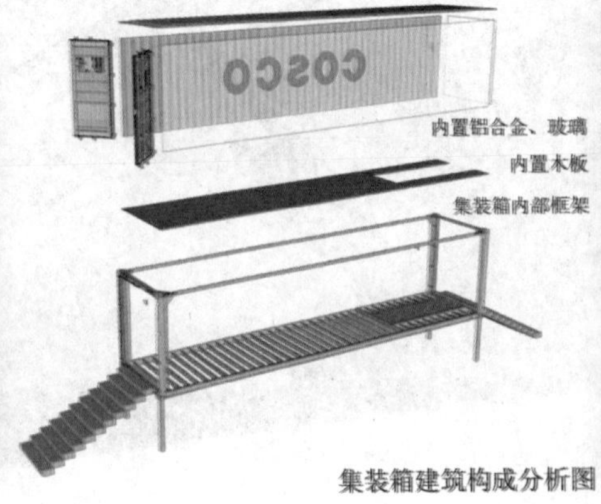

集装箱建筑构成分析图

(1) 一号集装箱建筑解析

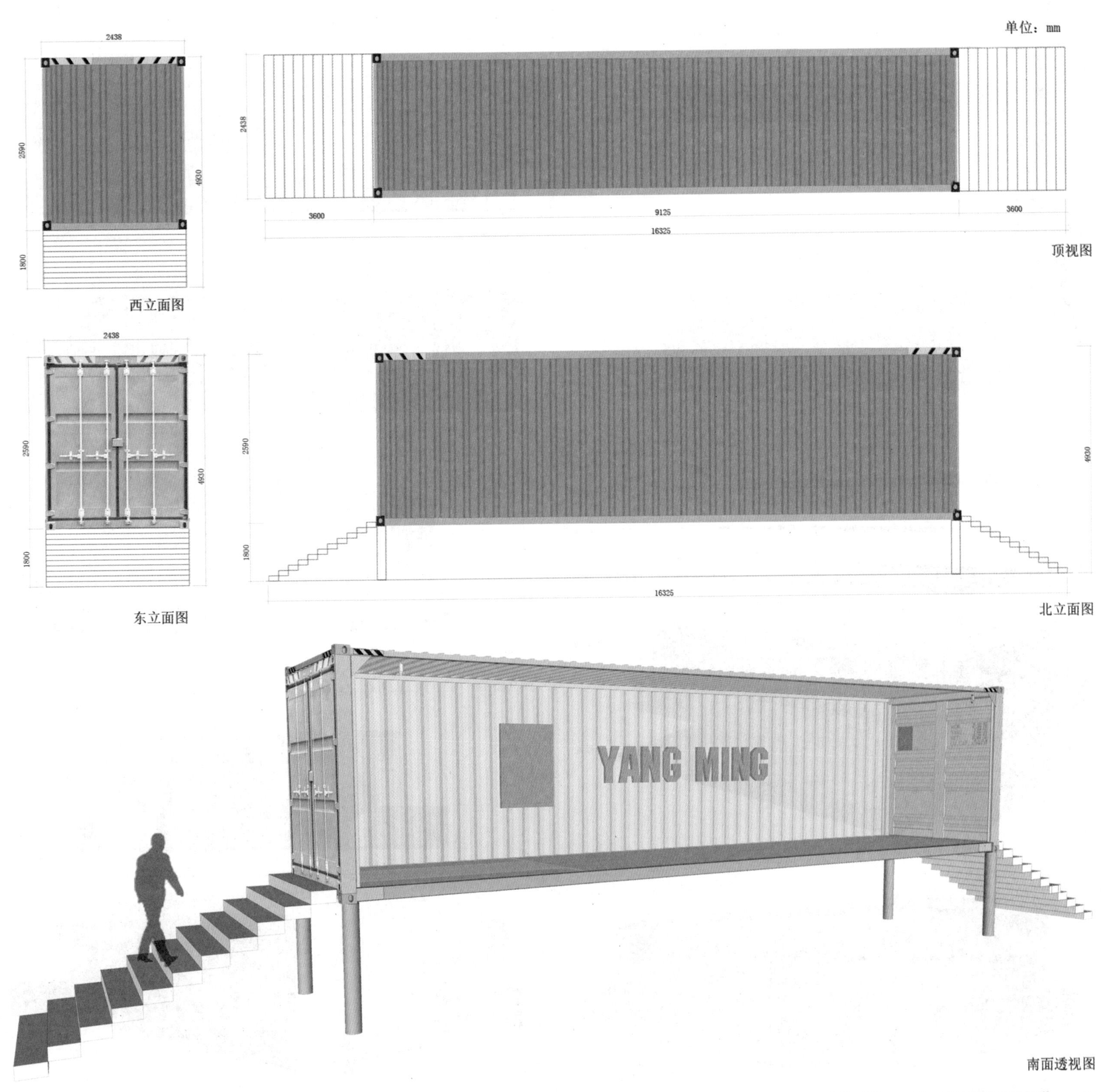
单位：mm
2438
2590
4930
1800
西立面图
2438
3600
9125
3600
16325
顶视图
2438
2590
4930
1800
东立面图
2590
1800
4930
16325
北立面图
YANG MING
南面透视图

⑵ 二号集装箱建筑解析

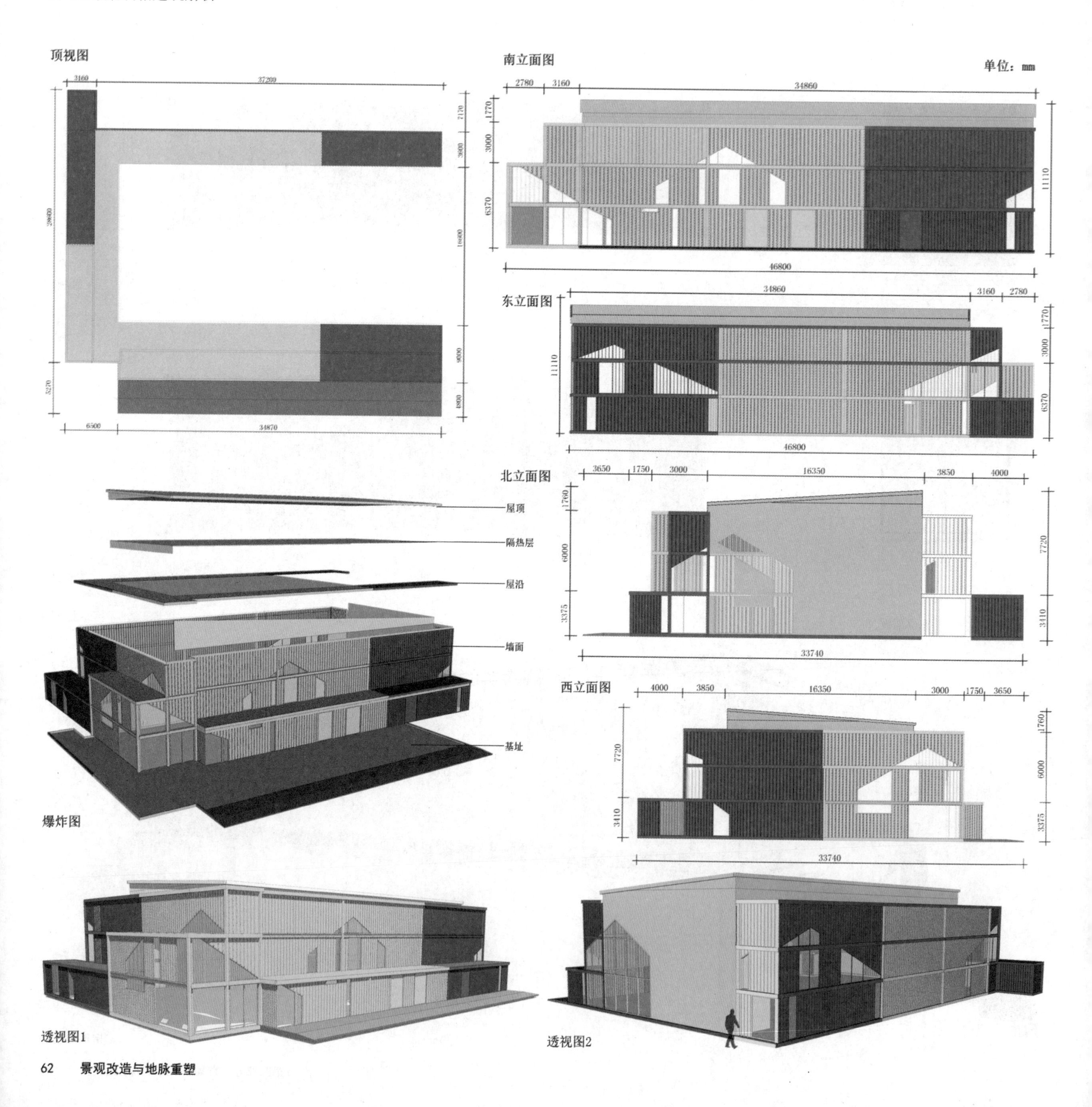

顶视图
3160
37299
28920
5270
7170
3800
16600
9800
4800
6500
34870
南立面图
单位：mm
2780
3160
34860
1770
3000
6370
11110
46800
东立面图
34860
3160
2780
11110
1770
3000
6370
46800
北立面图
3650
1750
3000
16350
3850
4000
1760
6000
3375
7720
3110
33740
西立面图
4000
3850
16350
3000
1750
3650
7720
3410
1760
6000
3375
33740
屋顶
隔热层
屋沿
墙面
基址
爆炸图
透视图1
透视图2

(3) 三号集装箱建筑解析

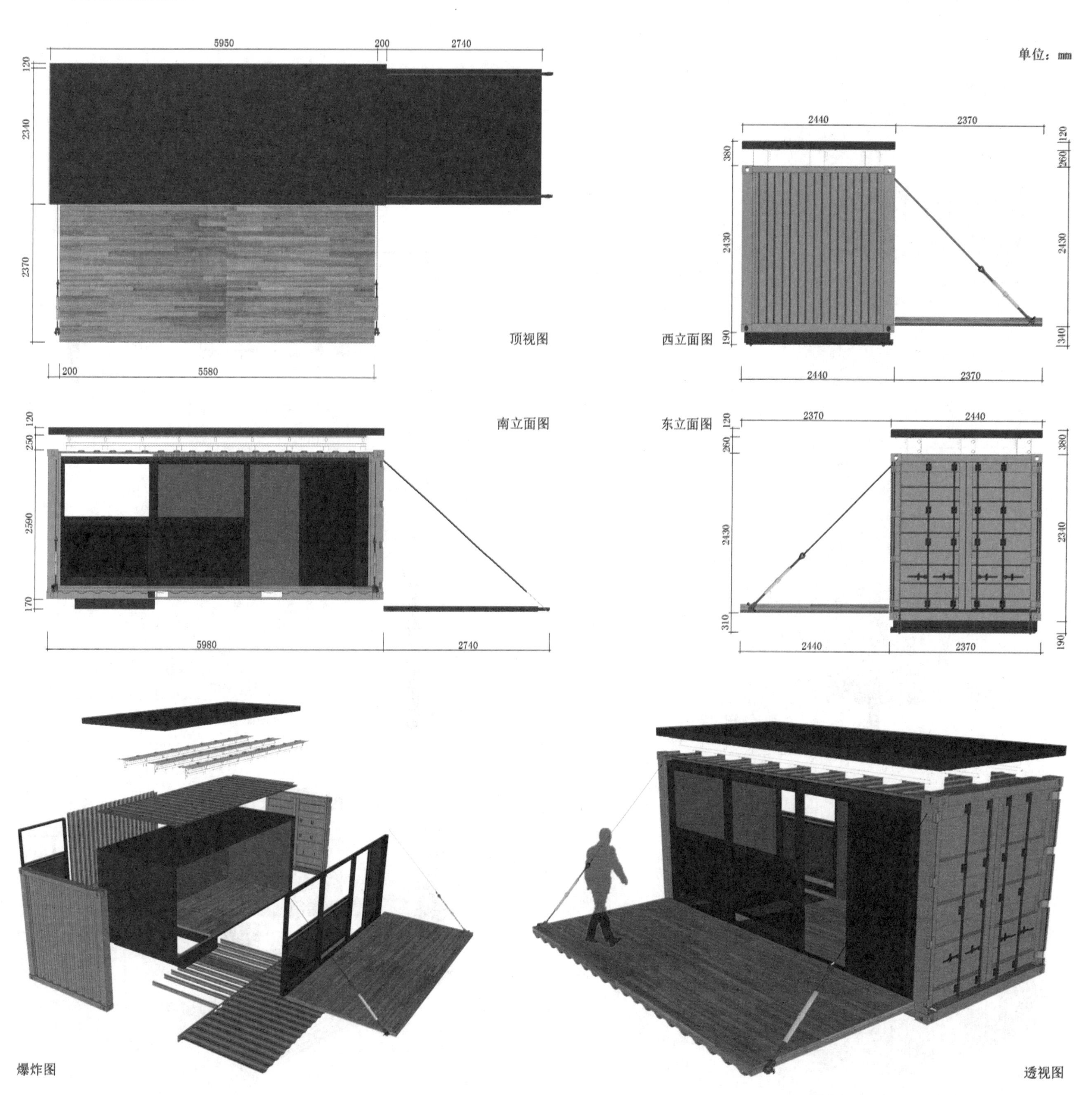

单位：mm
5950
200
2740
120
2340
2370
200
5580
顶视图
2440
2370
380
2430
190
120
260
2430
340
西立面图
2440
2370
南立面图
120
250
2590
170
5980
2740
东立面图
2370
2440
120
260
2430
310
380
2340
190
2440
2370
爆炸图
透视图

⑷ 四号集装箱建筑解析

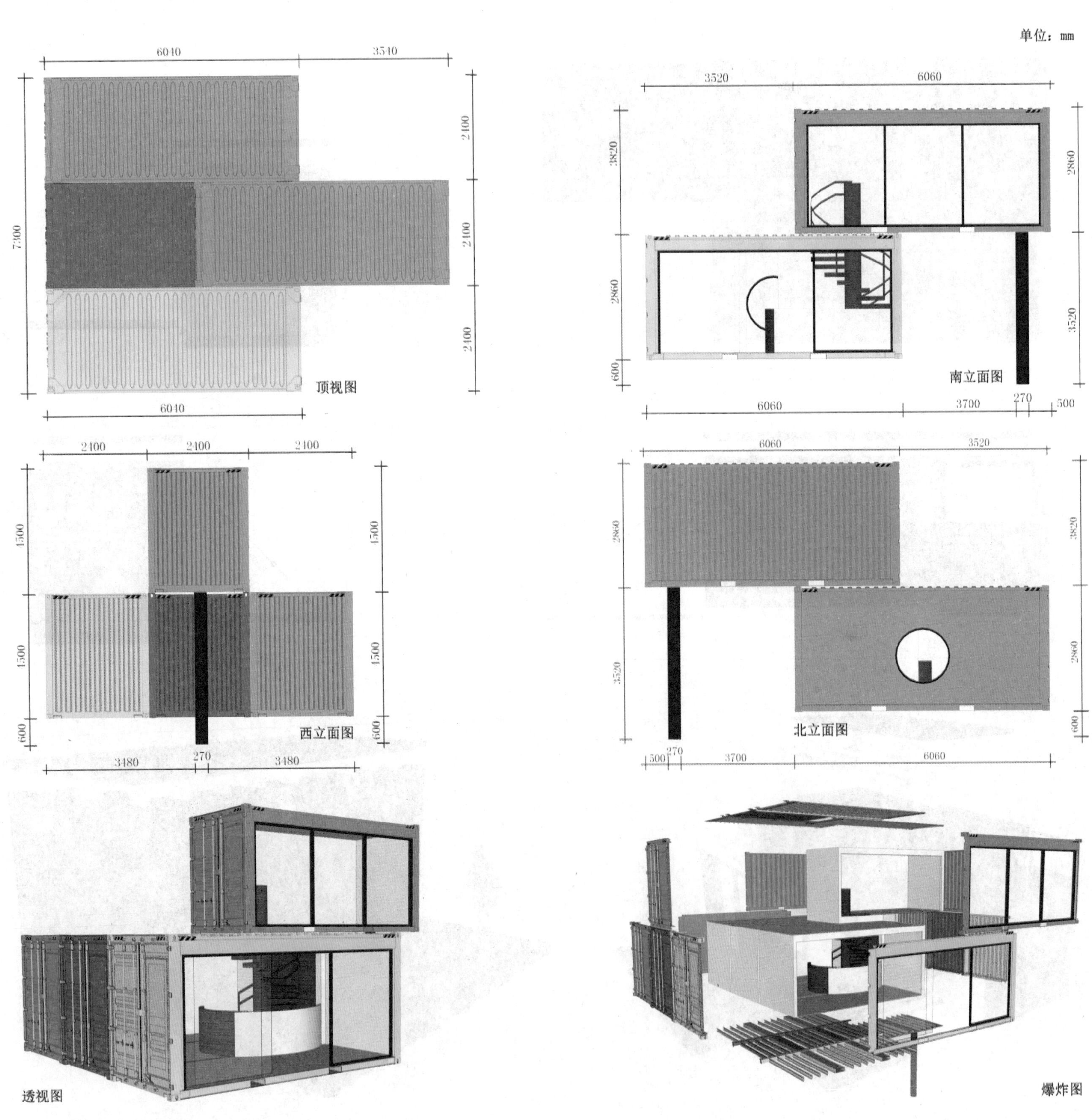

透视图

爆炸图

(5) 五号集装箱建筑解析

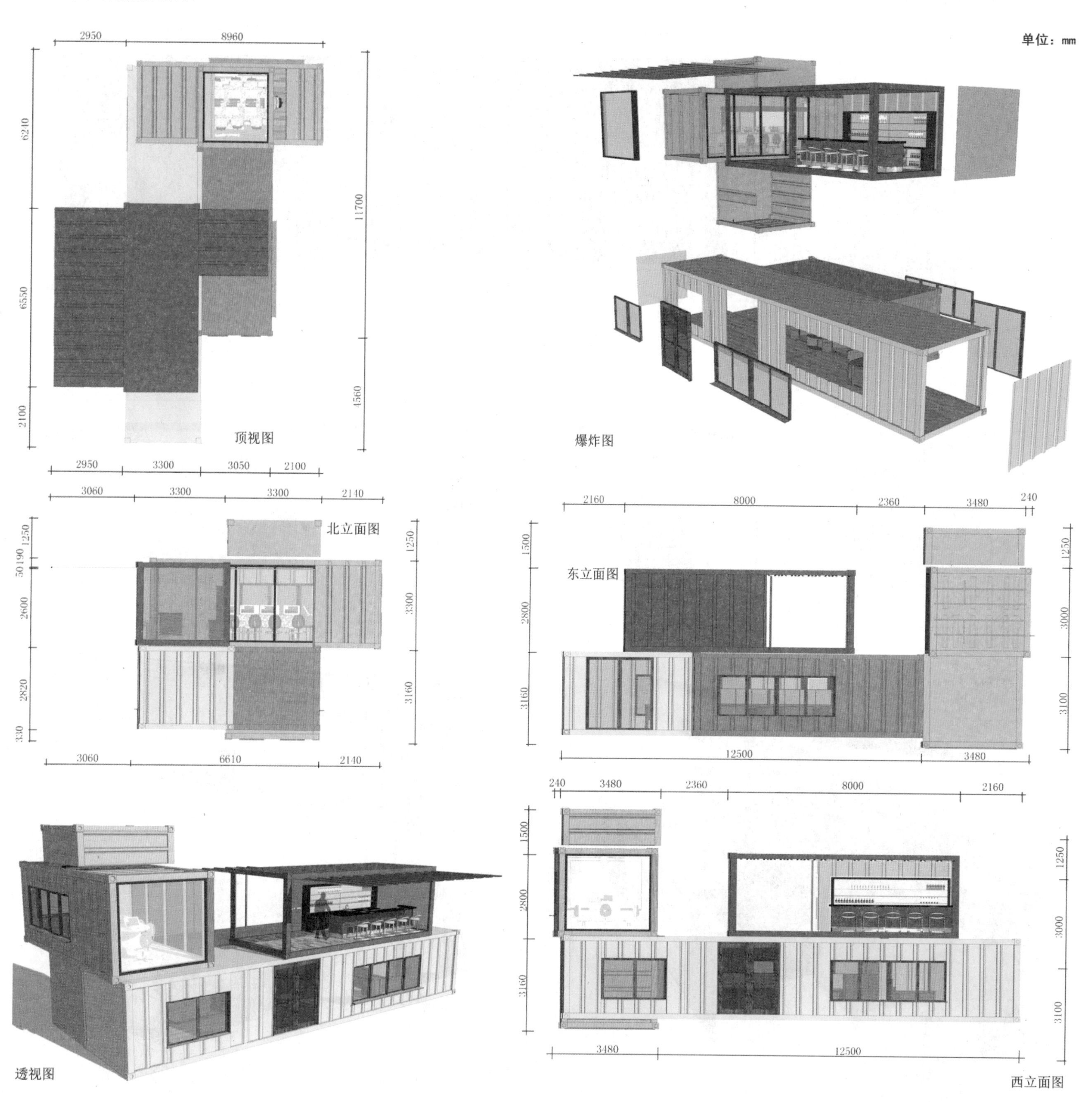
单位：mm
顶视图
爆炸图
北立面图
东立面图
透视图
西立面图
2950
8960
6210
6550
2100
11700
4560
3300
3050
3060
2140
6610
1250
2600
2820
330
3160
2160
8000
2360
3480
240
1500
2800
3000
3100
12500

(6) 六号集装箱建筑解析

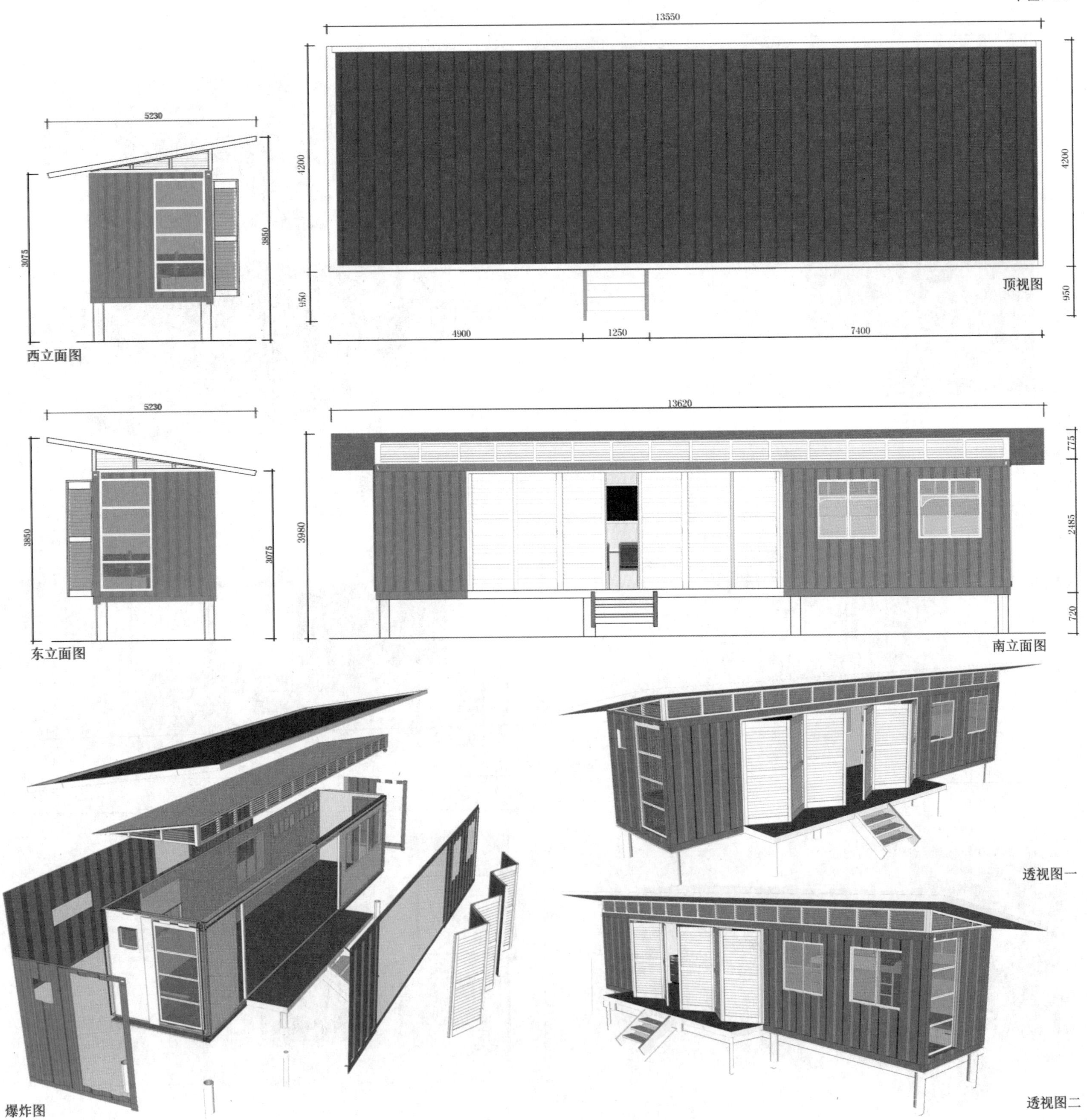
单位：mm
5230
3075
3850
西立面图
13550
4200
950
4900
1250
7400
顶视图
5230
3850
3075
东立面图
13620
3980
775
2485
720
南立面图
爆炸图
透视图一
透视图二

(7) 七号集装箱建筑解析

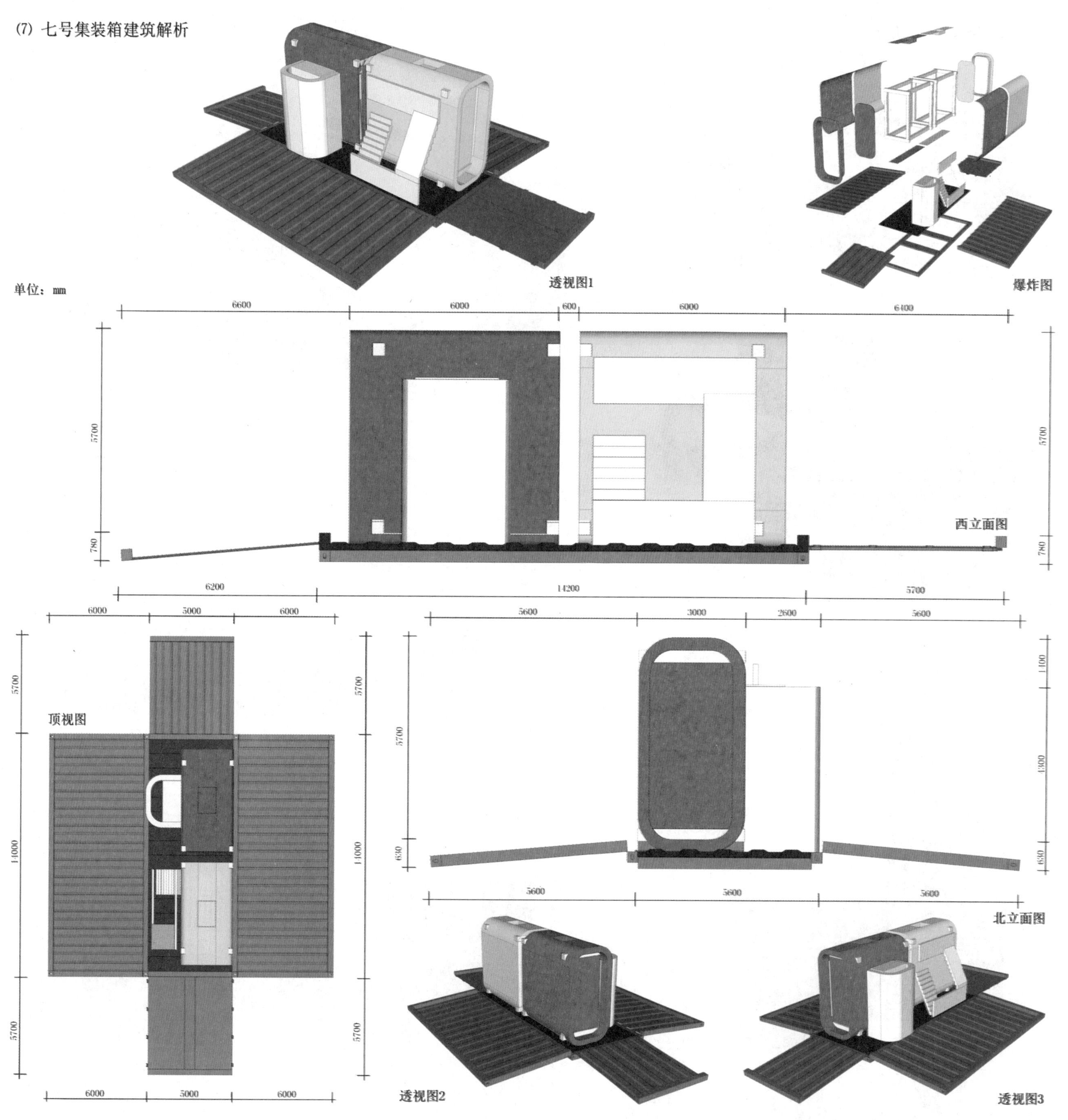
透视图1
爆炸图
单位：mm
6600
6000
600
6000
6400
5700
780
西立面图
6200
14200
5700
6000
5000
6000
顶视图
14000
5600
3000
2600
5600
1100
1300
630
北立面图
透视图2
透视图3

(8) 八号集装箱建筑解析

透视图1

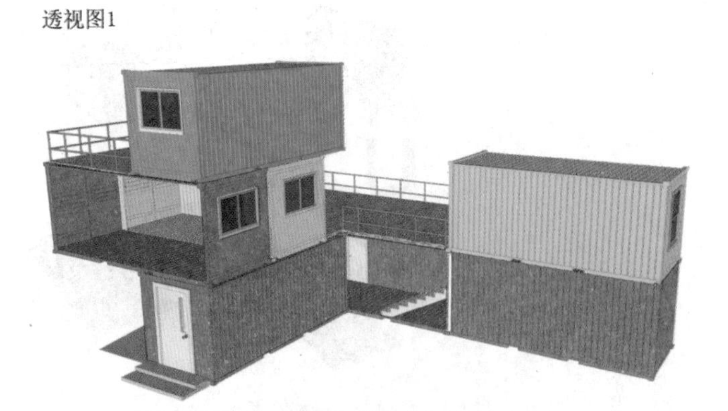

透视图2

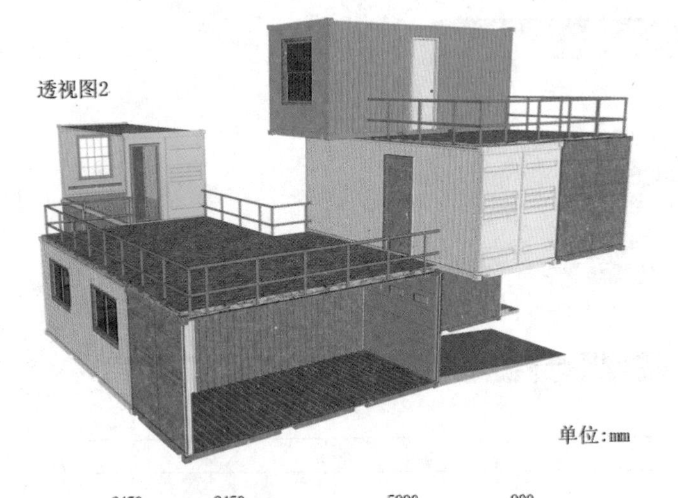

单位:mm

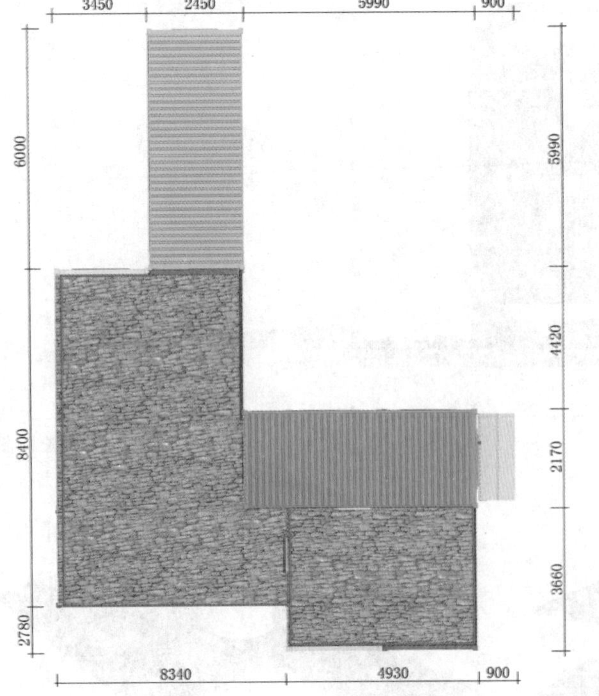

顶视图

爆炸图

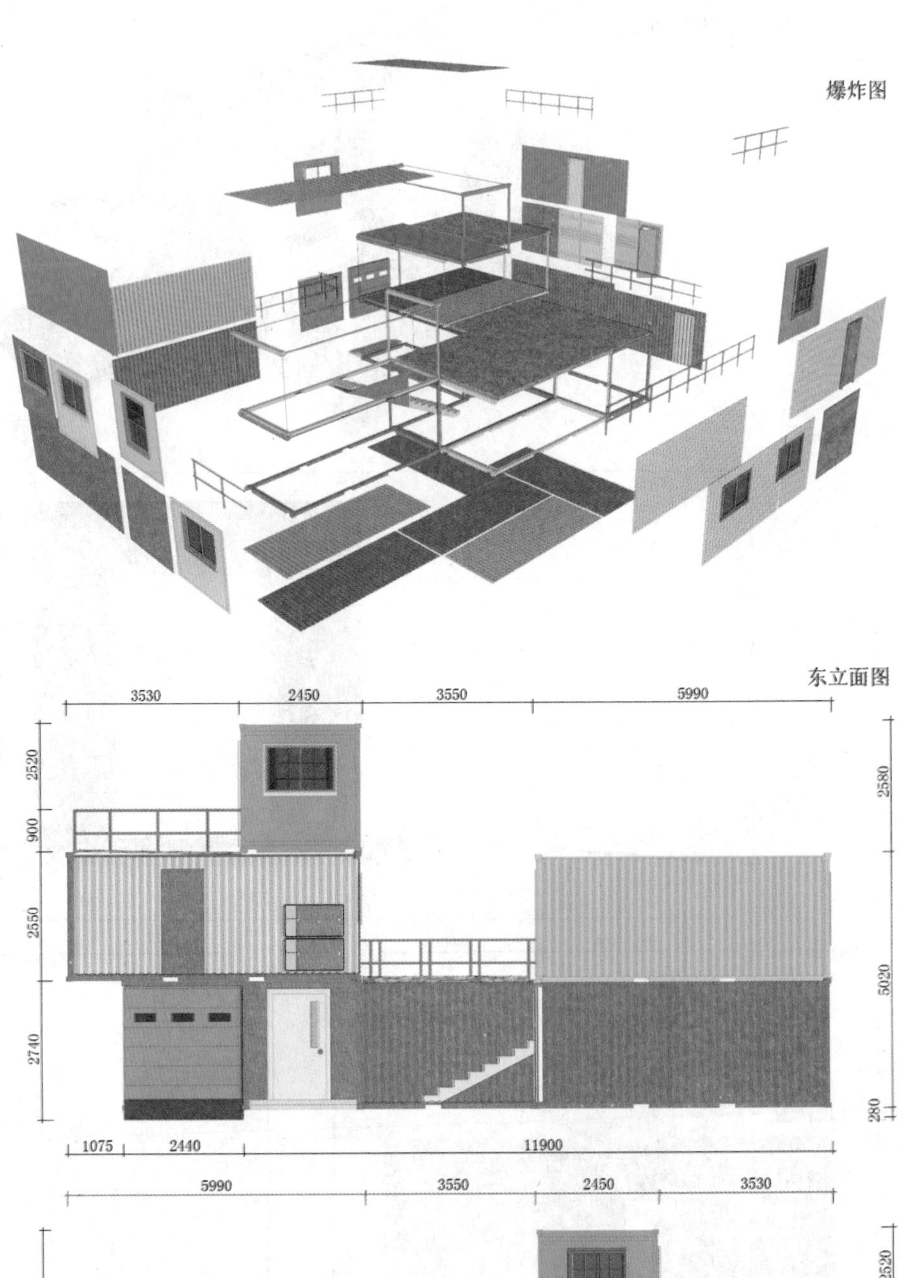

东立面图

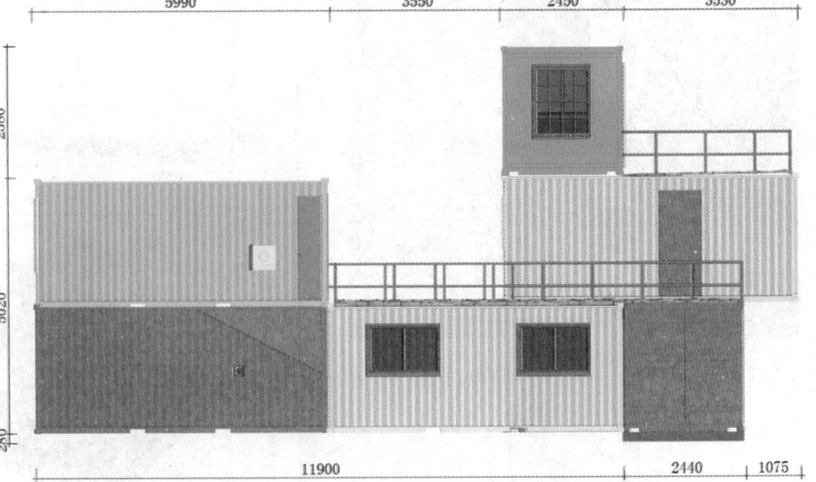

西立面图

(9) 九号集装箱建筑解析

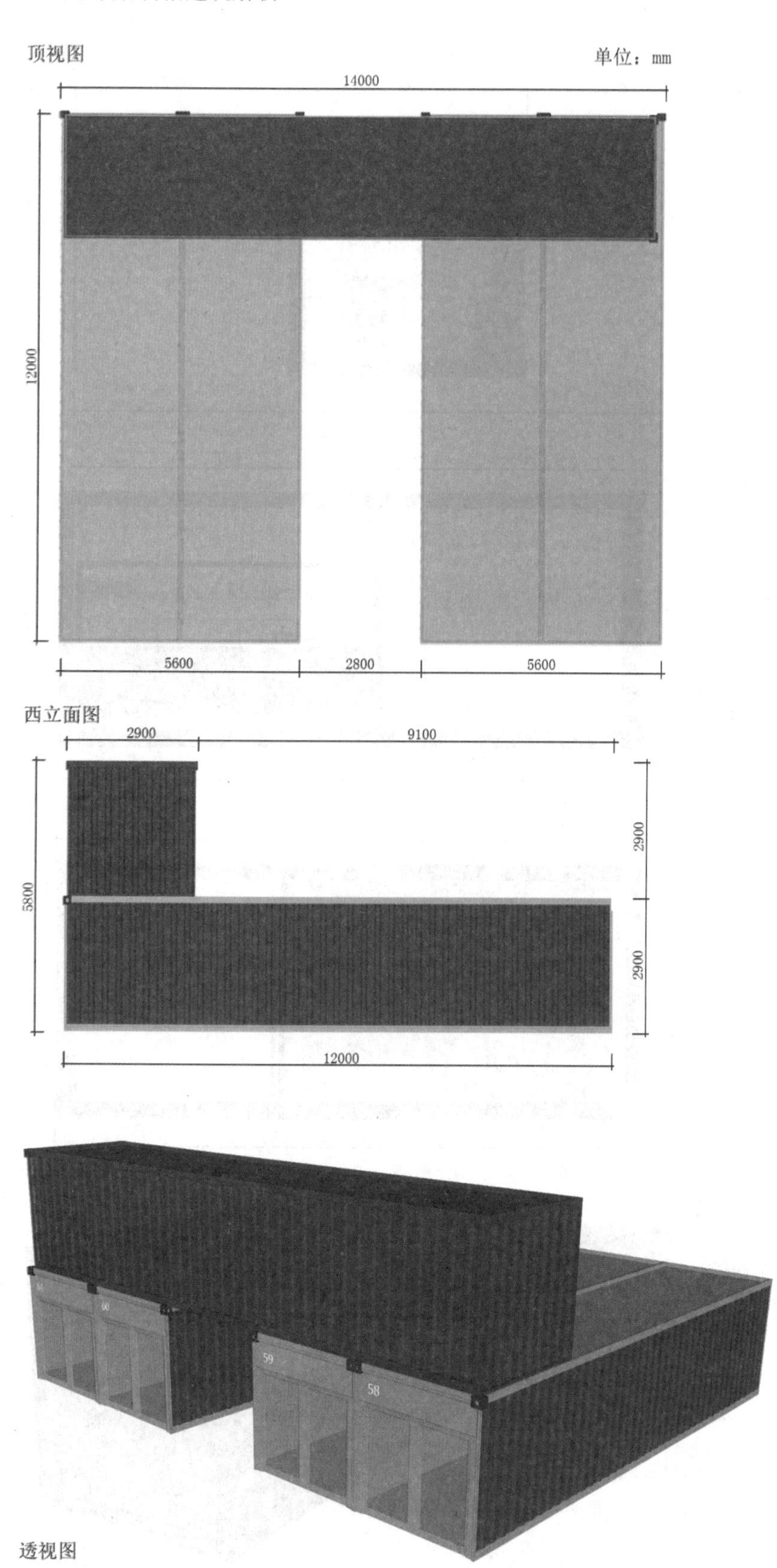

顶视图

西立面图

透视图

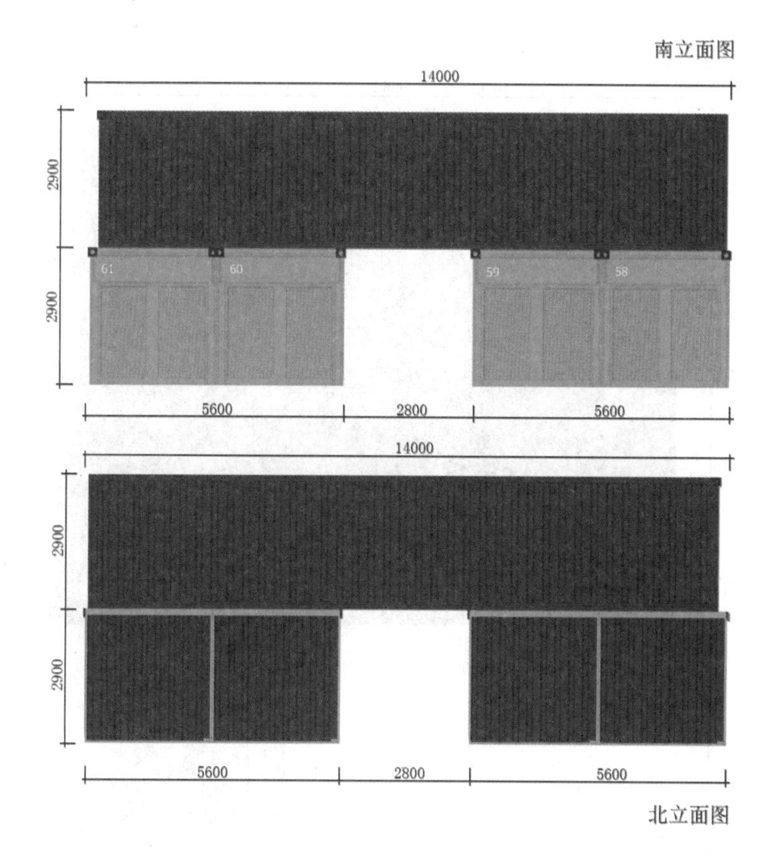

南立面图

北立面图

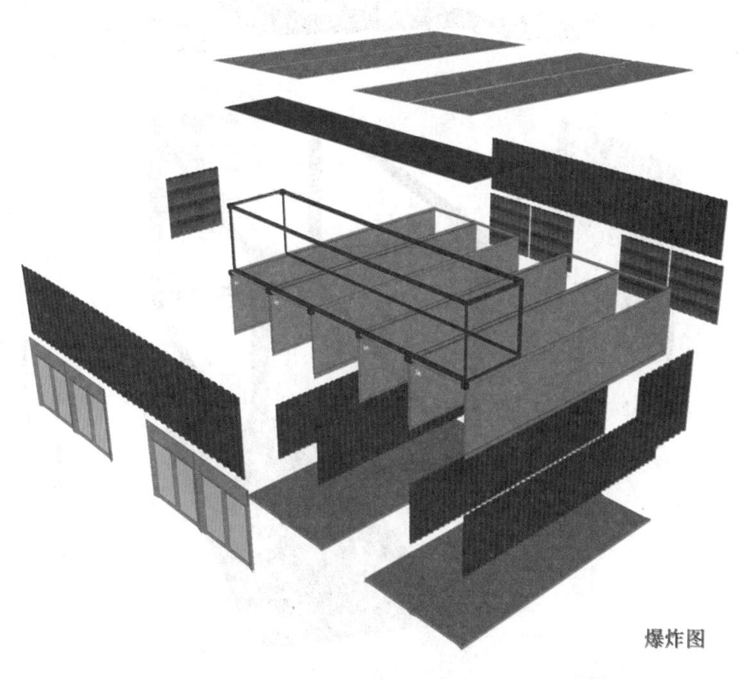

爆炸图

(10) 十号集装箱建筑解析

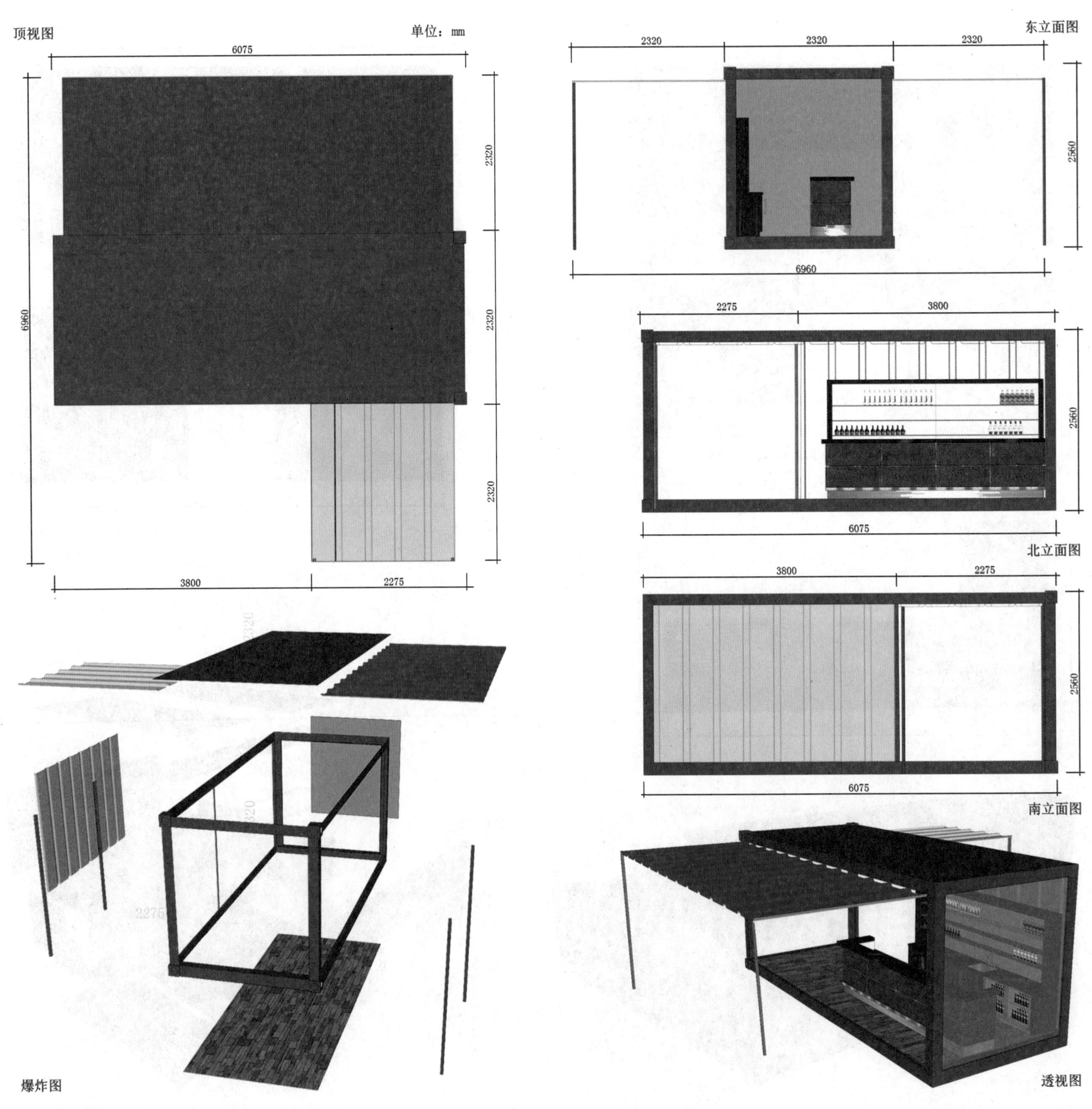

⑾ 文创园区环境一瞥

2. 工业文化博物馆

（1）工业文化博物馆建筑改造策略

选取南部具有特色的、体量最大的一栋厂房 207厂作为重点改造对象，重塑一个生态工业博物馆，蕴含文化的底蕴、历史的沉淀，充分激发游客对当地历史的不懈探寻，为不同年龄段的游客提供不同的体验模式。当地工艺制作、船文化体验也设置其中。游客可以将自己制作的作品带回家收藏，同时，周边配有较成熟的服务设施，丰富游客多元化的体验需求。

保留原有钢架

+

植入废钢，加以处理

+

植入玻璃与建筑结合

植入新事件

艺术展览

+

文化表演

+

手工艺品

引入新空间

活动空间

+

绿化空间

+

拓展空间

(2) 工业文化博物馆创作构思

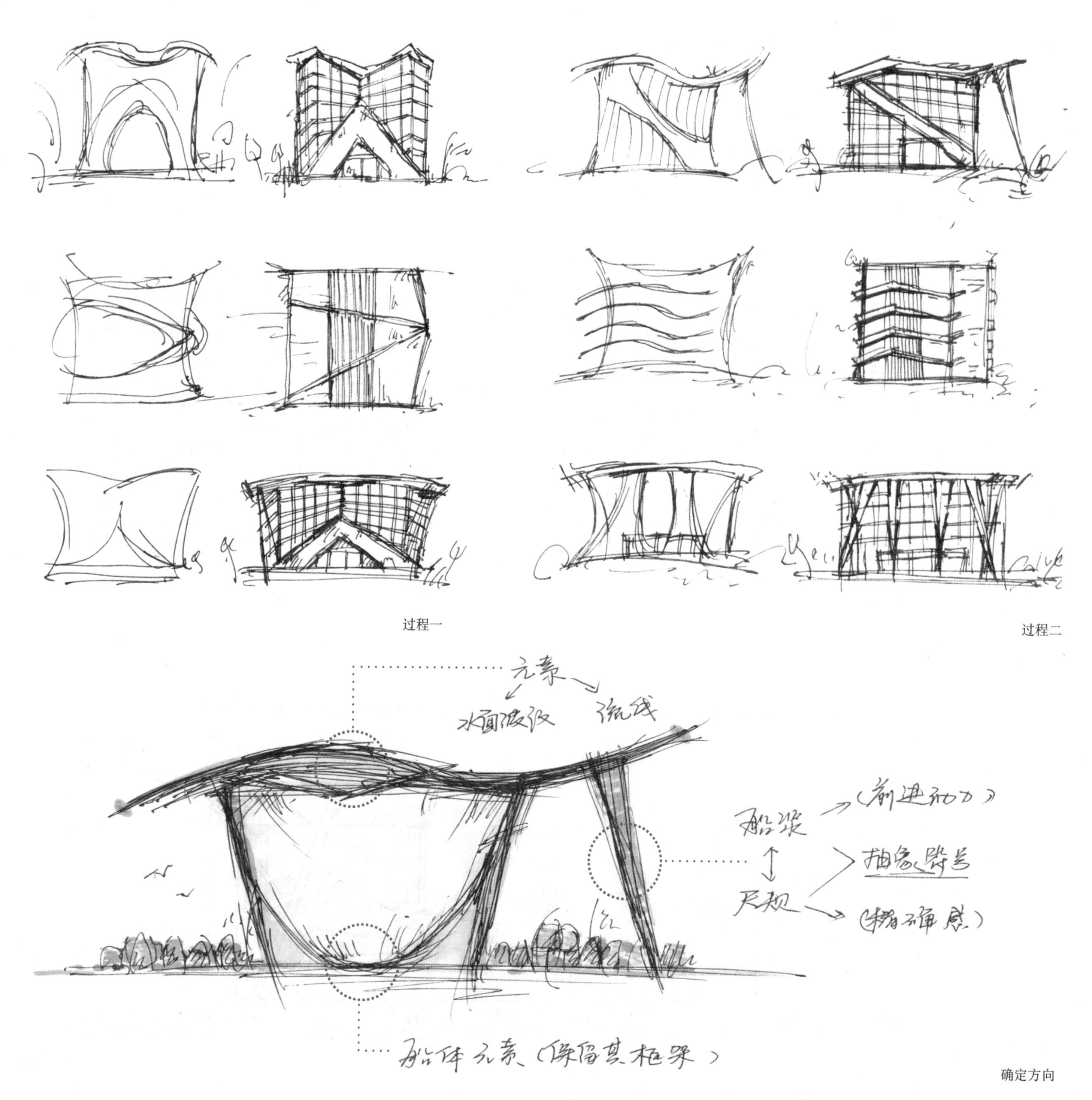

过程一

过程二

确定方向

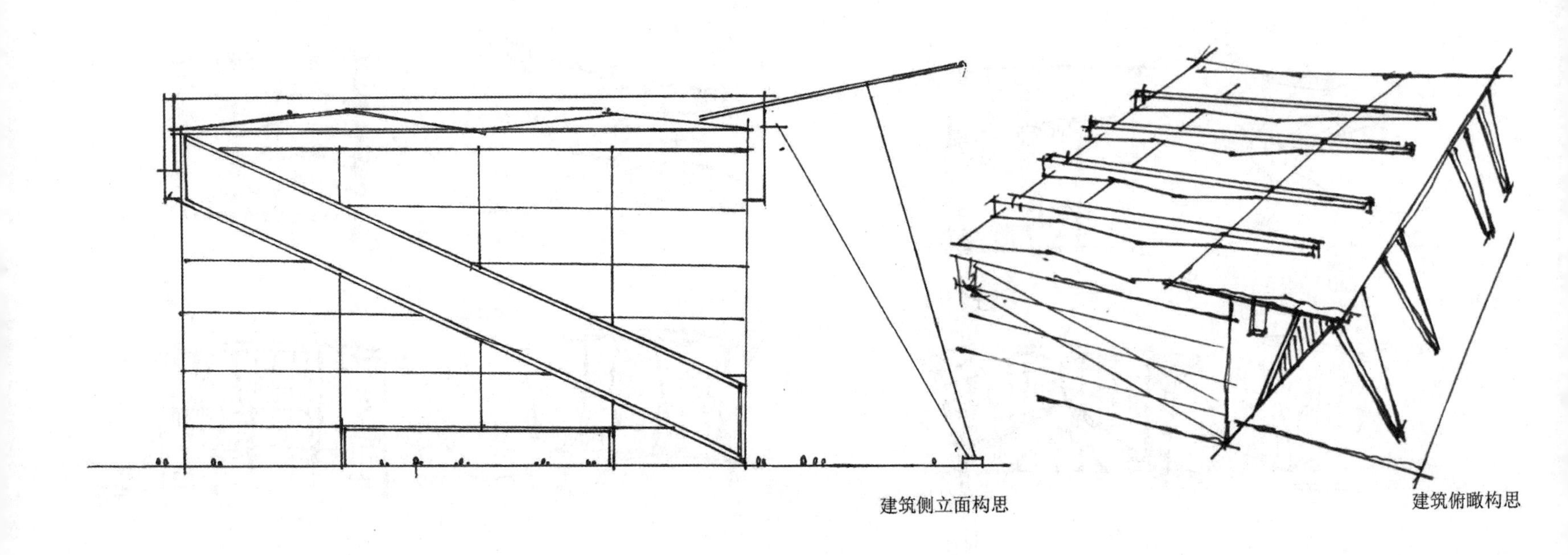

建筑侧立面构思

建筑俯瞰构思

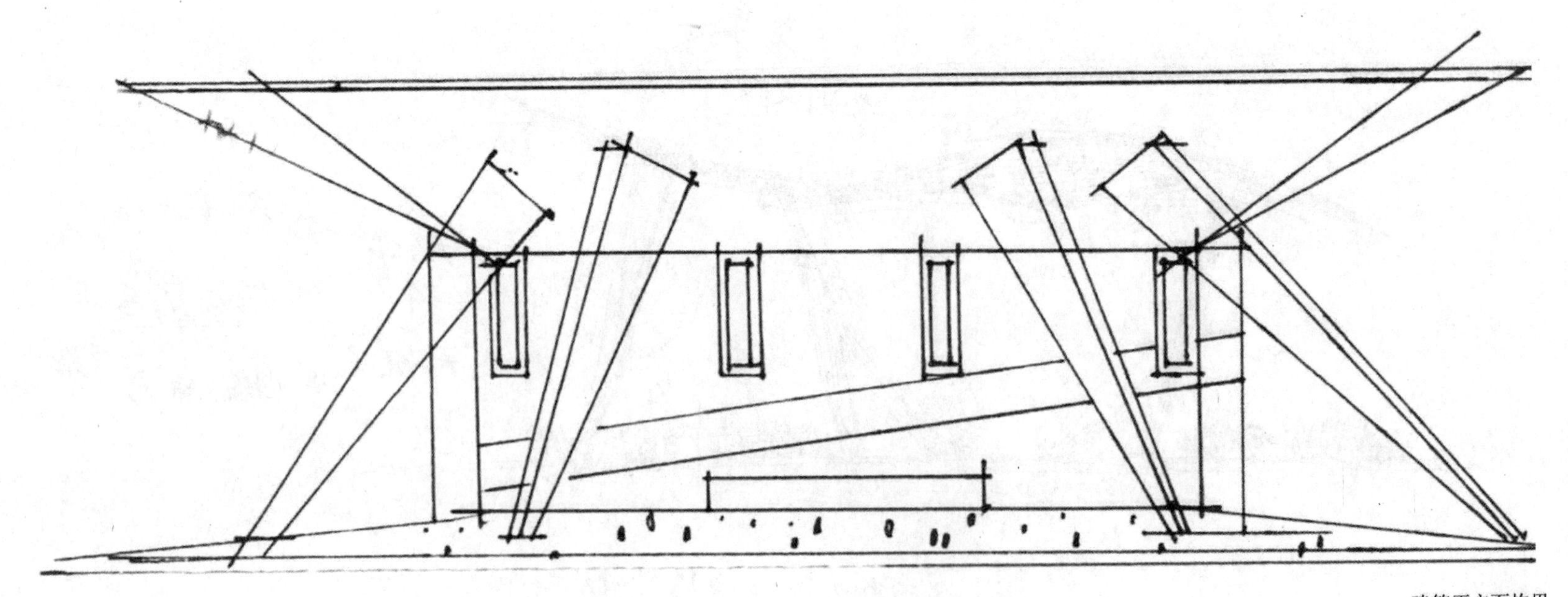

建筑正立面构思

(3) 工业文化博物馆鸟瞰图

(4) 工业文化博物馆夜景效果

(5) 建筑结构爆炸图

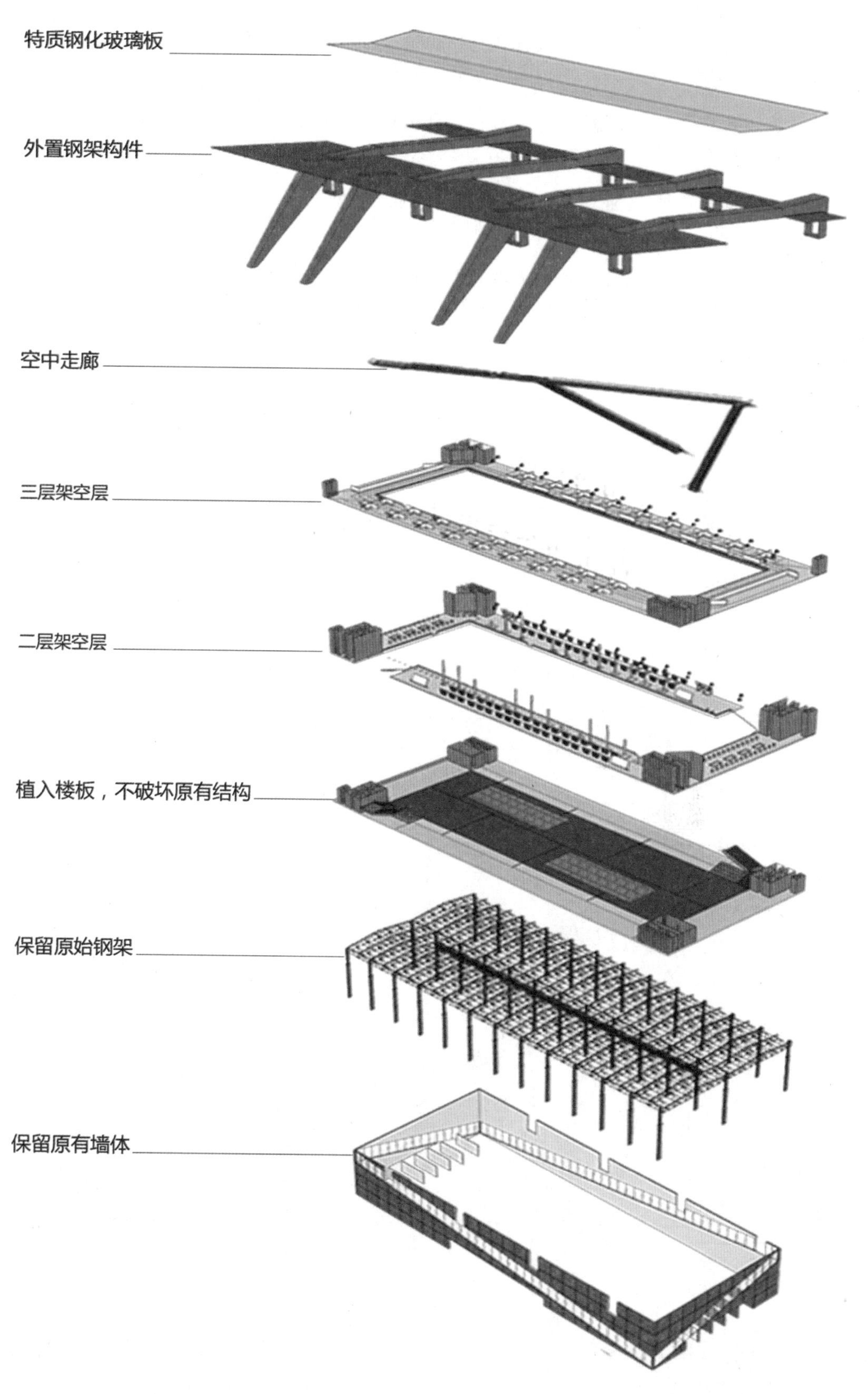

特质钢化玻璃板
外置钢架构件
空中走廊
三层架空层
二层架空层
植入楼板，不破坏原有结构
保留原始钢架
保留原有墙体

(6) 一层平面图

一层平面为工业文化展厅，总面积约13908m^2。其中，展位面积5168m^2，特殊展位1360m^2。在这里游人可以回顾江州船厂历史发展历程。相关配套：展厅内配备休息室、多功能厅、船舱餐饮体验区、洗手间、中央空调等。

作为工业文化的重要载体，工业遗产的保护和利用应得到充分重视，具体操作方式应紧密结合地域文化，同时制定好可操作性强的工业旅游文化策划方案。

在历史价值方面，工业遗产见证了近现代工业活动对社会产生的深刻影响，是城市记忆的重要组成部分。

在经济价值方面，工业建筑物本身结构的可塑性较大，一些工厂的空地也比较多，适合做一定功能的再开发，新建筑与工业遗产地区的环境协调也较容易。

在社会价值方面，工业遗产与人们的生活息息相关，承载着大多数人的历史记忆，见证了巨大变革时期人类社会的日常生活。

在科技价值方面，工业遗产中的生产技术虽然已经被淘汰，但在历史上也发挥过一定的作用，在建筑物的构造、生产工具的改进、工艺流程的设计等方面具有一定意义。

单位：mm

183000
76000
主入口
电梯
办公室
休息、阅读区
上
纪念品售卖区
纪念品售卖区
休息室
洗手间
洗手间
手工艺制作展示区
创客艺术展示区
船舱餐饮体验区
次入口
次入口
船舱科教体验区
创客艺术展示区
手工艺制作展示区
休息室
休息、阅读区
集装箱文化展示墙

一层平面图

(7) 二层平面图

二层为铜文化展厅，集中展示当地的铜文化发展情况及铜文化在引导文创旅游应用方面所取得的相关成果。总面积约6044m²，展位面积5176m²。

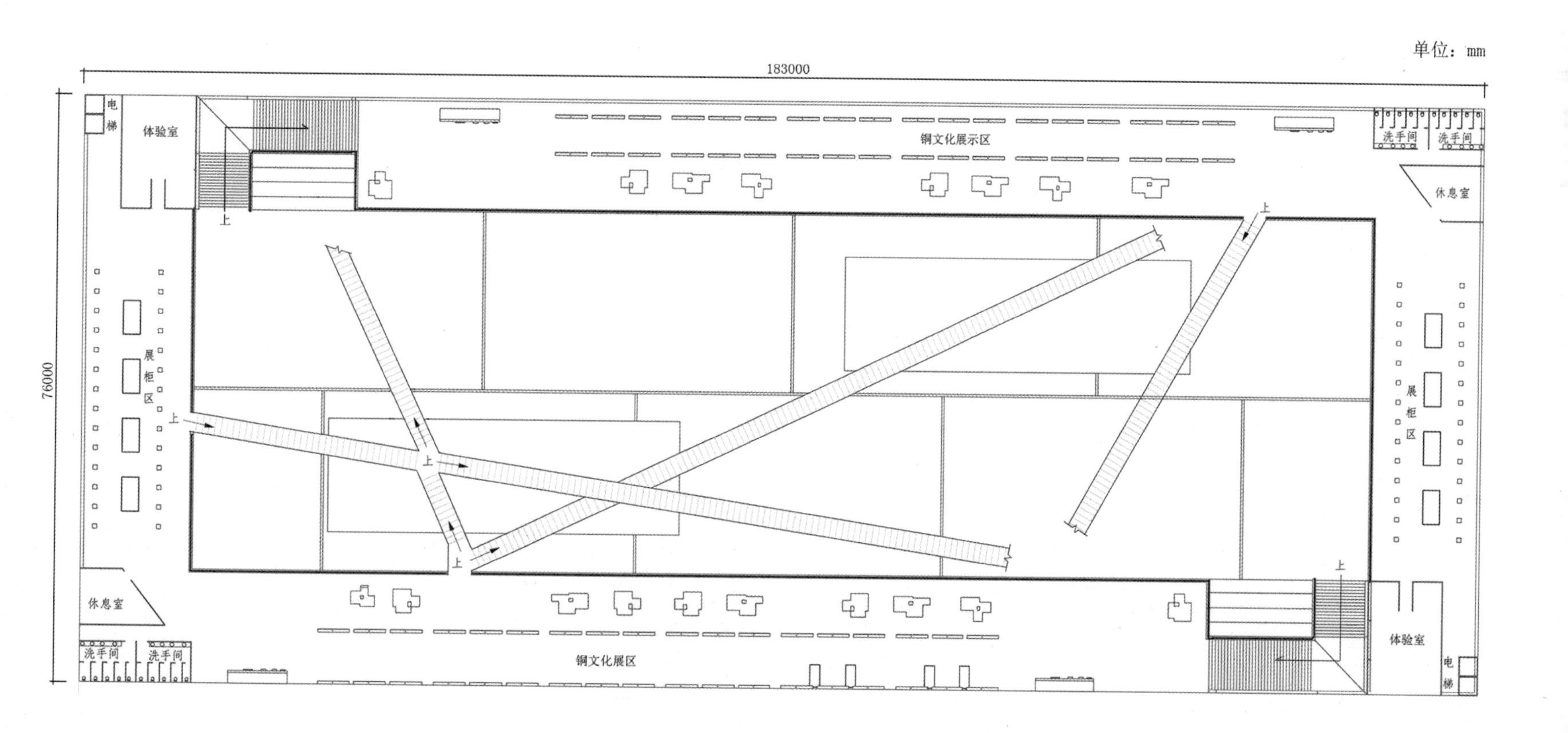

二层平面图

(8) 三层平面图

三层为藏品区，主要展展示以江州造船文化为主题的当地手工艺藏品、创客创作精品。总面积约6100m²，展位面积5762m²，大型展位108个。

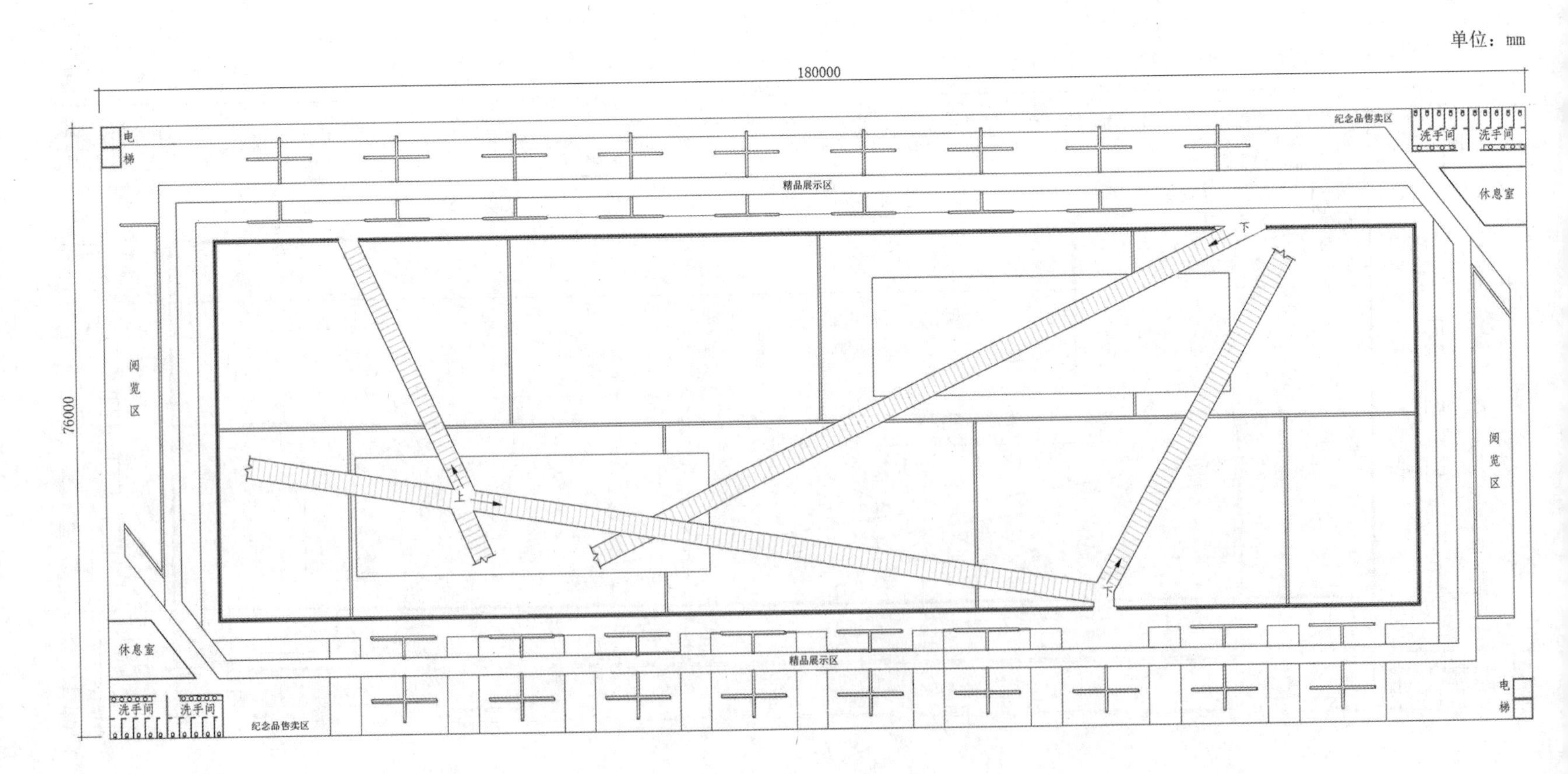

三层平面图

(9) 工业文化博物馆顶平面

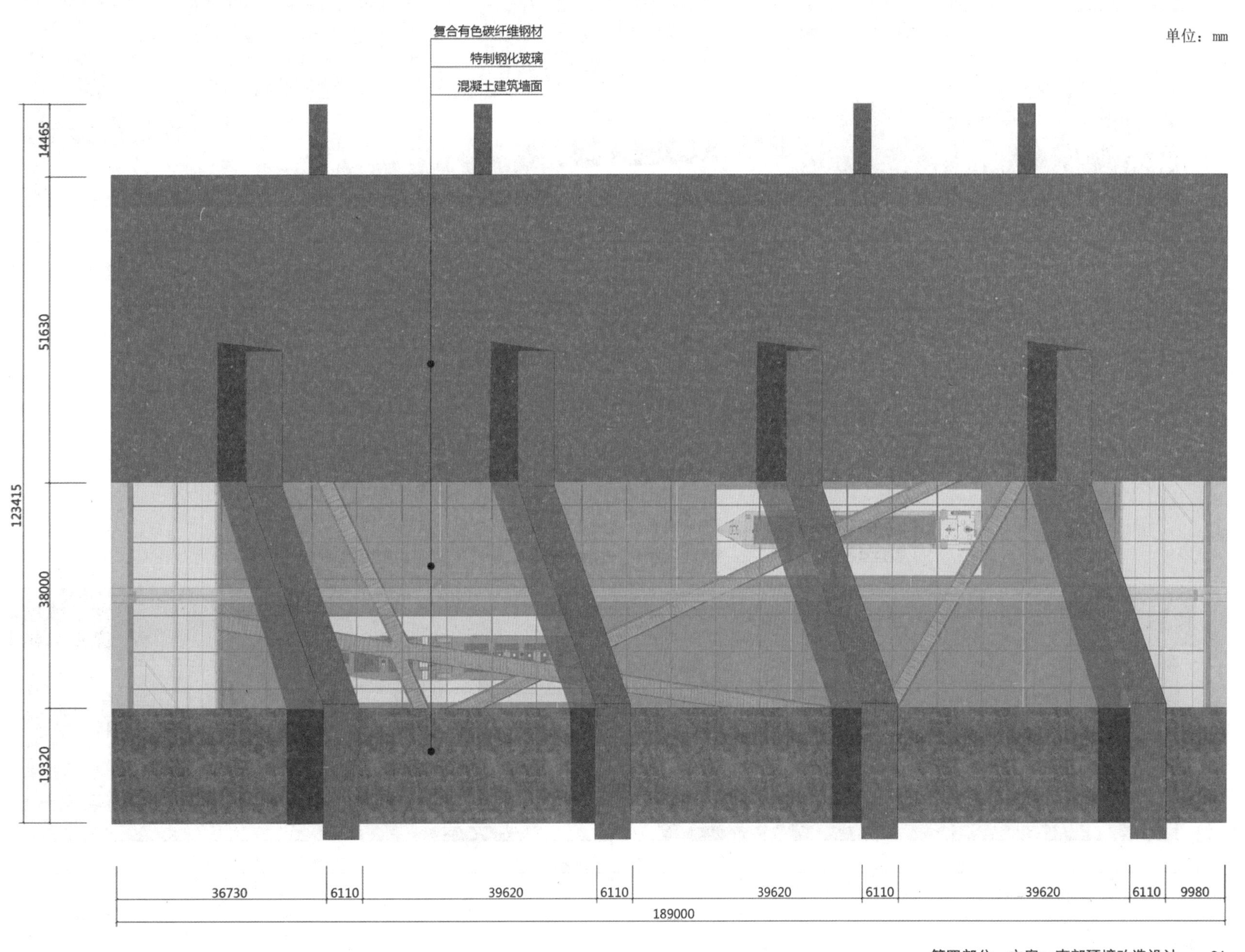

⑽ 工业文化博物馆立面图

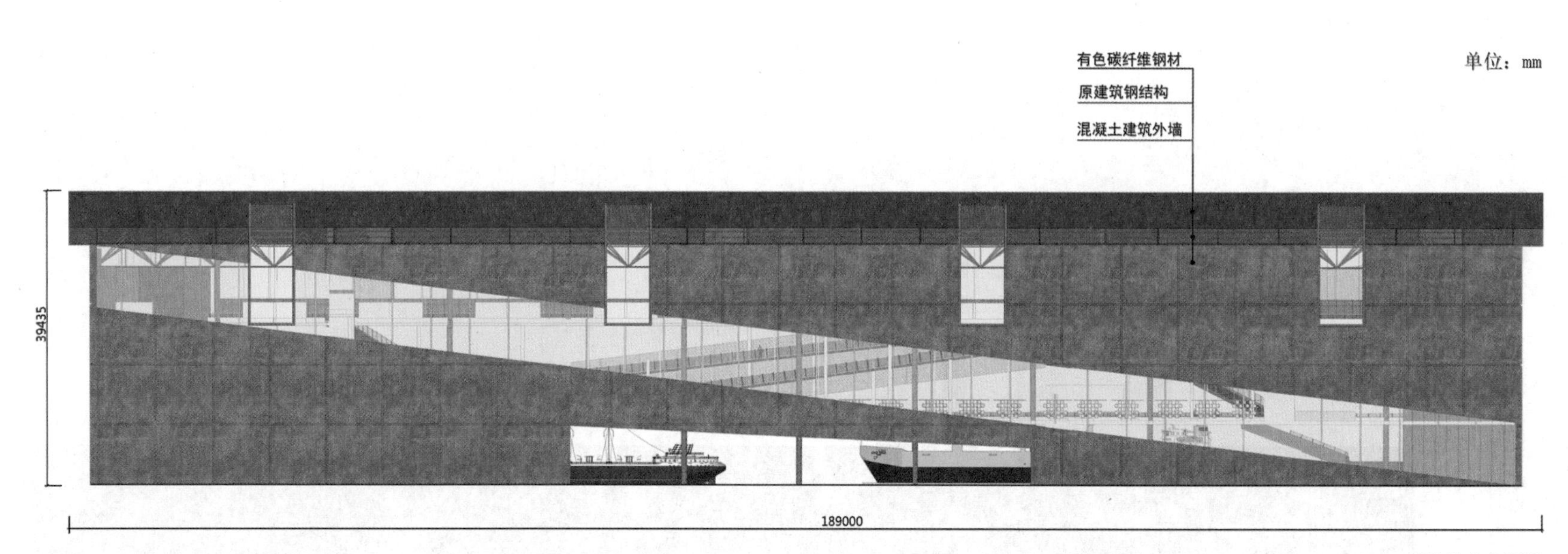

博物馆北立面图

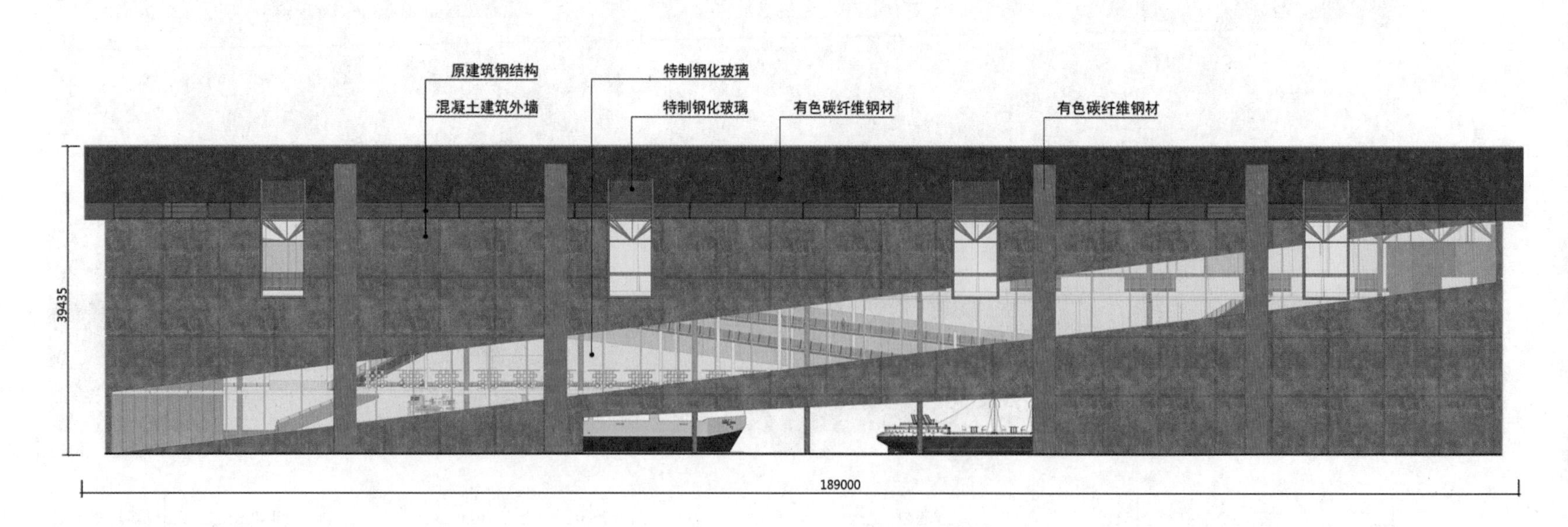

博物馆南立面图

单位：mm

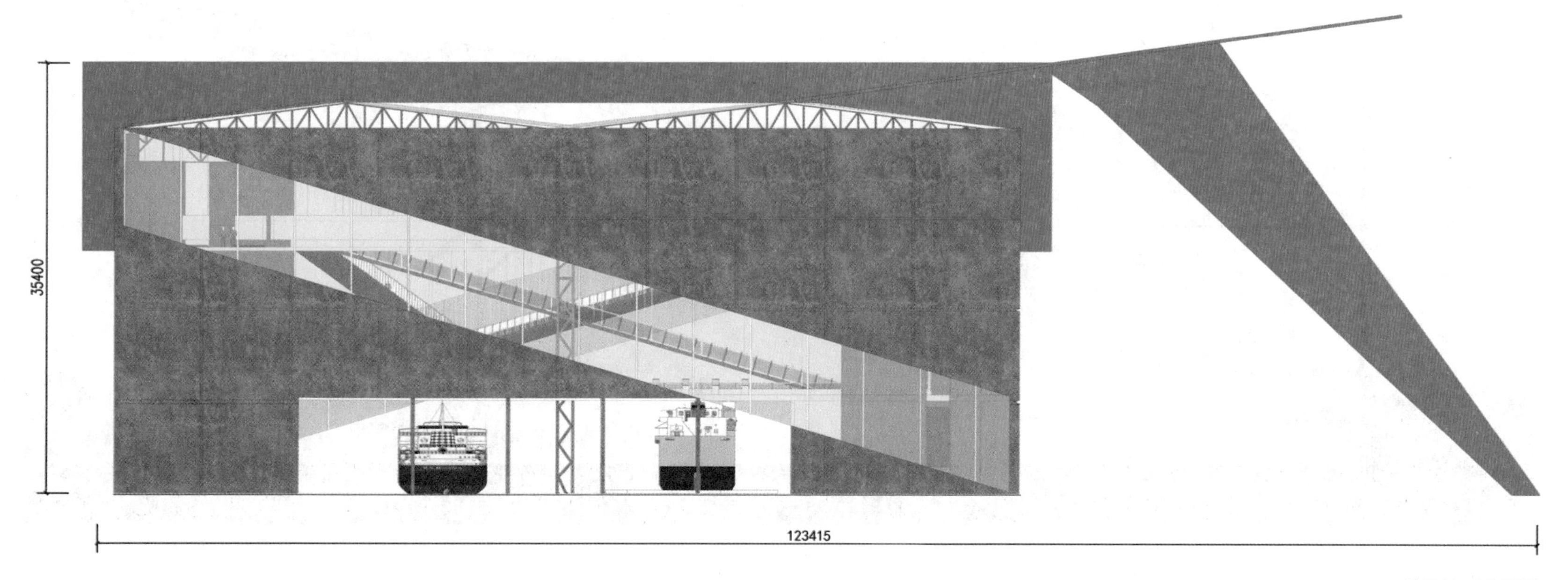

博物馆西立面图

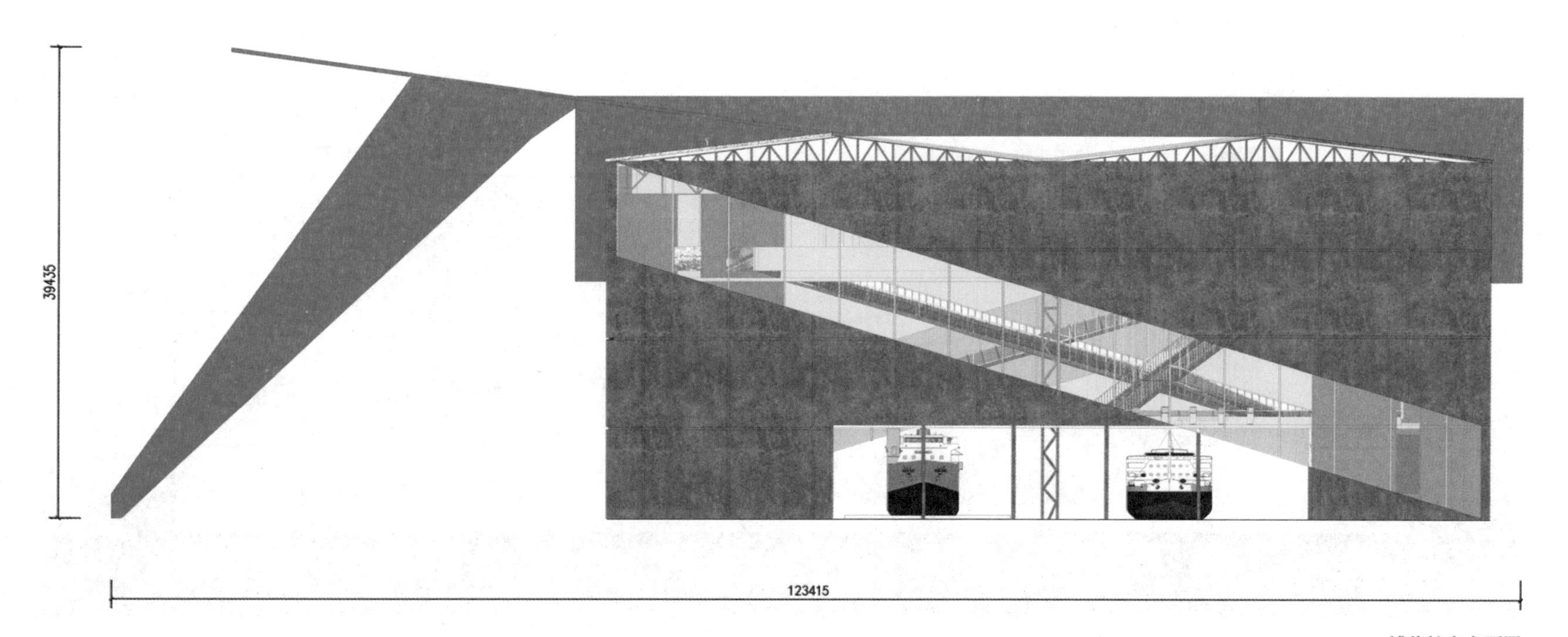

博物馆东立面图

(11) 建筑剖面图

剖透视1-1

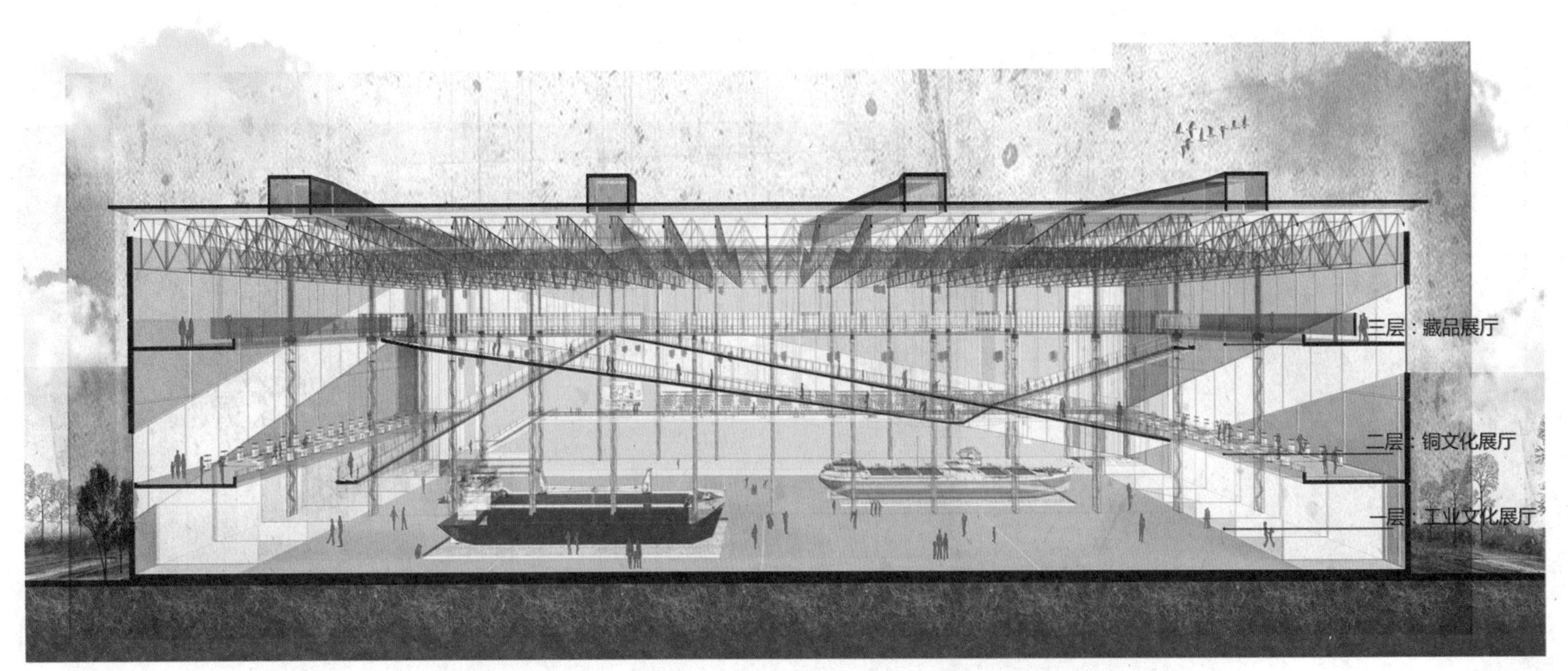

剖透视2-2

⑿ 工业文化博物馆环境一瞥

⒀ 工业文化博物馆室内空间效果

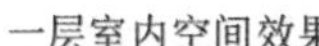

一层室内空间效果

一层船舱餐饮体验区

空中连廊效果

二层室内空间效果

三层室内空间效果

三层空中连廊效果

八、植物设计

选取由一、二年生花卉与宿生类花卉相结合。一、二年生花卉颜色鲜艳，姿态优美，较好打理；宿生类生长周期较长，每年可开花。乔木及灌木由落叶与常绿搭配，整个环境有明显季节变化，观赏性更强。场景将原始场地的植物进行大面积的保留与延伸，加入新的植物品种进行了优化。

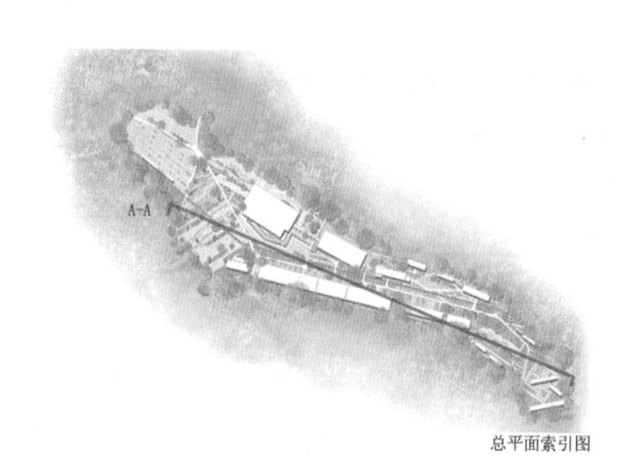

总平面索引图

场地内部种植了大量的旱芦苇增加场地氛围，同时大面积的芦苇不仅可调节气候，涵养水源，所形成的良好的湿地生态环境，也可以为鸟类提供栖息、觅食、繁殖的家园。旱芦苇形态优美、色彩丰富，其穗、果、枝、叶都极具有观赏特点，景观价值极高。它是多年水生或湿生的禾草，生长在灌溉沟渠旁、河堤沼泽地等，世界各地均有生长，芦、叶、芦花、芦茎、芦根、芦笋均可入药。芦茎、芦根还可以用于造纸行业，以及生物制剂，经过加工的芦茎还可以做成工艺品。古时古人用芦苇制扫把。芦苇是湿地环境中生长的主要植物之一。

余亚飞诗称：“浅水之中潮湿地，婀娜芦苇一丛丛；迎风摇曳多姿态，质朴无华野趣浓”。

A-A剖面图

为了烘托出博物馆的气势宏伟，在植被方面我们选用了多数的灌、芦苇及花草，在乔木上选用的是乔及小乔，不希望它被太多高大树种所遮挡，视野也十分开阔。

雪松：松科雪松属植物，常绿乔木，喜阳光充足，也稍耐荫、耐酸性土、微碱。

池衫：杉科，落羽杉属植物，喜深厚、疏松、湿润的酸性土壤。耐湿性很强。

粗榧：三尖杉科三尖杉属植物，阴性树种，较喜温暖，具有较强的耐寒性，喜温凉、湿润气候，抗虫害能力很强。

棕榈：属棕榈科常绿乔木，喜温暖湿润气候，喜光。耐寒性极强，稍耐阴。 适生于排水良好、湿润肥沃的中性、石灰性或微酸性土壤，耐轻盐碱，也耐一定的干旱与水湿。

沿阶草：百合科草本，耐荫性、耐热性、耐寒性、耐湿性、耐旱性。

香叶树：樟科常绿灌木或小乔木植物，耐荫，喜温暖气候，耐干旱瘠薄，在湿润、肥沃的酸性土壤上生长较好。

落羽杉：落叶大乔木，强阳性树种，适应性强，能耐低温、干旱、涝渍和土壤瘠薄，耐水湿。

阔叶麦冬：百合科，山麦冬属草本植物，喜阴湿温暖，稍耐寒。

A-a

总平面缩略图

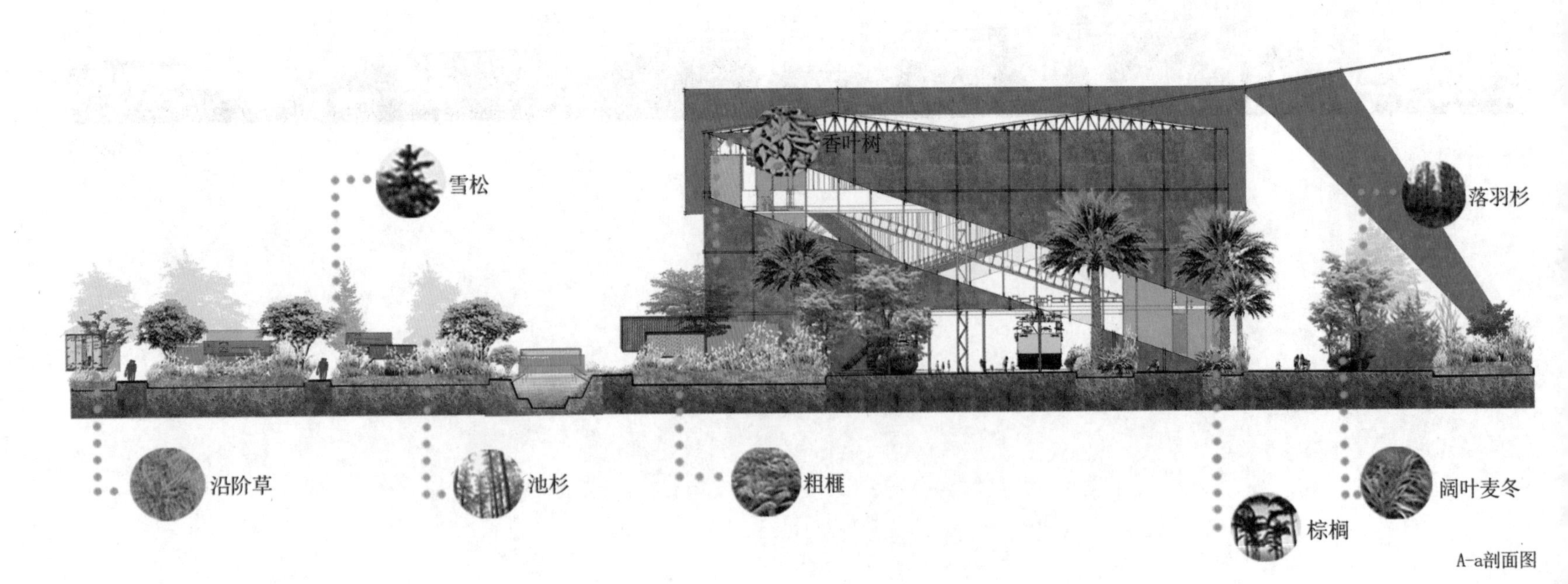

A-a剖面图

柳杉：乔木，中等喜光；喜欢温暖湿润、云雾弥漫、夏季较凉爽的山区气候；喜深厚肥沃的沙质壤土，忌积水。

小叶杨：落叶乔木，高达20m，喜光树种，不耐庇荫，适应性强，耐旱，抗寒，耐瘠薄。

银边翠：一年生草本，喜温暖干燥和阳光充足环境，不耐寒，耐干旱，宜在疏松肥沃和排水良好的沙壤土中生长，且开花繁盛。

木桐蒿：灌木，高达1m，原产加那利群岛，常栽培作盆景，观赏用。

栀子花：属茜草科，为常绿灌木，枝叶繁茂，喜温湿，向阳，较耐寒，耐半阴。

福禄考：一年生草本，性喜温暖，稍耐寒、忌酷暑、不耐旱、忌涝。

福建柏：常绿乔木，喜温暖湿润，喜生于雨量充沛、空气湿润的地方，对低温具有一定的耐寒能力。

金边黄杨：属常绿灌木或小乔木，喜温暖湿润的环境，能耐干旱，耐寒性强。抗污染性也非常好，对二氧化硫有非常强的抗性，是污染严重的工矿区首选的常绿植物。

A-b

总平面缩略图

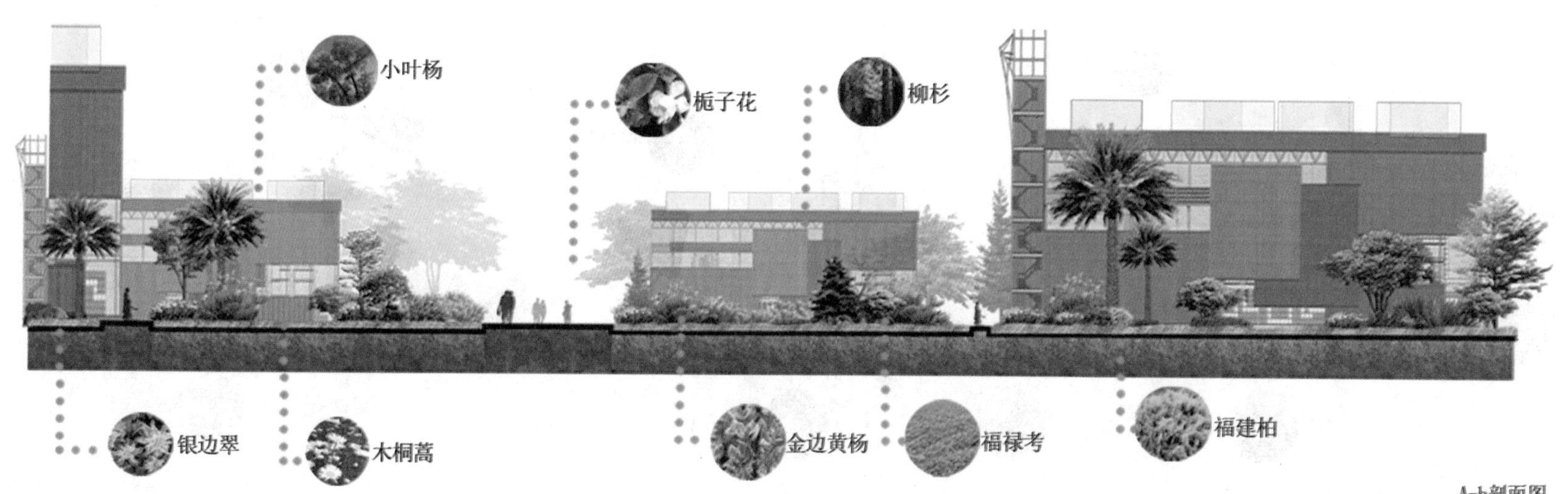

A-b剖面图

苦槠：攀援状灌木，直立或平卧，高可达2m，性喜高温，生性强健，不拘土质，药用价值高。

枫香：落叶乔木，高达30m，喜温暖湿润气候，性喜光，幼树稍耐阴，耐干旱瘠薄土壤，不耐水涝。树脂供药用，能解毒止痛，止血生肌。

芦苇：多年水生或湿生的高大禾草，除森林生境不生长外，各种有水源的空旷地带，常以其迅速扩展的繁殖能力，形成连片的芦苇群落。经济价值、药用价值高。

龙舌兰：属多年生常绿大型草本植物，性喜阳光充足，稍耐寒，不耐阴，喜凉爽、干燥的环境，耐旱力强，对土壤要求不严，以疏松、肥沃及排水良好的湿润沙质土壤为宜。

扫帚草：藜科地肤属一年生草本，地肤适应性较强，喜温、喜光、耐干旱，不耐寒。

光叶榉：乔木，高达30m，喜温暖、湿润气候。

十大功劳：小檗科十大功劳属植物，属暖温带植物，具有较强的抗寒能力，不耐暑热。喜温暖湿润的气候，性强健、耐荫、忌烈日曝晒，有一定的耐寒性，也比较抗干旱。

琴叶珊瑚：喜充足的光照，稍耐半荫，喜高温高湿环境，怕寒冷与干燥，喜生长于疏松肥沃。

A-c

总平面索引图

A-c剖面图

NO.5

方案二总体规划

第五部分 方案二总体规划

一、项目概况

1. 瑞昌资源

瑞昌是“中国青铜冶炼文化”发祥地，铜岭遗址是最早的世界采铜冶铜遗址，距今约3300年；瑞昌剪纸和竹编被列入国家级非物质文化遗产名录，是“中国民间艺术之乡”；传统文化和地方文化丰富多彩，交相辉映。瑞昌山药是家山药的一个优良品种，为瑞昌传统特产，据明朝隆庆年间《瑞昌县志》记载，山药当时就是瑞昌重要物产和药材之一。

剪纸

山药

铜矿

竹编

2. 区位优势

长江经济带建设国家战略
长江中游城市建设国家战略
潘阳湖生态经济区建设国家战略

积极参加长江经济带发展
深度融入长江中游城市群建设
主动对接“长珠闽”板块

瑞昌是九江市首个县级市，位于九江市城区西部，距九江城区只有二十公里，在九江市城镇空间布局中处于重要的地位，九江是江西省域的副中心、江西省北大门，自古就有“七省通衢”之称，在区域发展战略中占有重要地位。瑞昌有着广阔的待开发腹地，为“大九江”区域经济社会发展留存充足发展空间，是九江市经济社会发展的卫星城市。

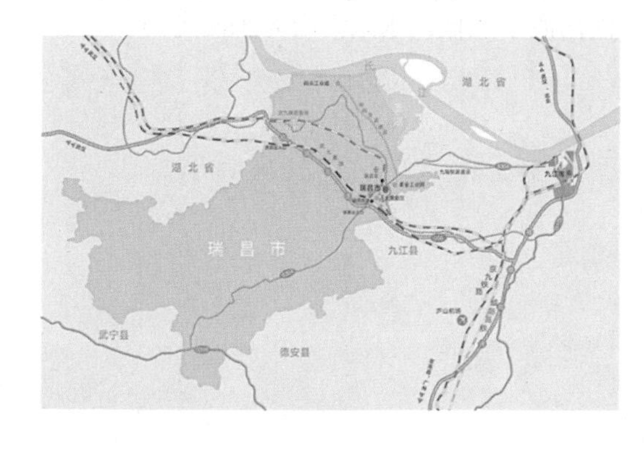

3. 交通优势

杭瑞高速承东启西，在境内设有2个出口，与昌九、京珠、泸蓉高速互联成网，316、105国道与之相交，武穴至瑞昌长江大桥即将开工建设。

铁路干线引南接北，武九铁路穿境而过，连接京九京广两大动脉，武九高铁连接昌九、京广高铁，并在瑞昌设站。

黄金水道通江达海，上溯重庆、武汉，下至南京、上海，直开美国、德国、意大利、荷兰、印度、新加坡等国家和地区航线。

周边航空辐射全国，距九江庐山机场30min车程、南昌昌北国际机场90min车程，武汉天河国际机场120min车程。

4. 气候分析

春 135%rh
夏 185%rh
秋 93%rh
冬 56%rh

最低温度（40℃，0℃，1，12）

最高温度（40℃，0℃，1，12）

降水量（400mm，0mm，1，12）

气候是一个地区发展旅游业的先决条件，是人们外出旅游的重要动机之一，瑞昌是亚热带湿润性季风气候，四季分明，气候温和，雨量充沛，年平均气温17.5℃，年降雨量1700mm左右，且位于长江带上，湿度相对舒适，适合游客度假游玩。

5. 道路分析

?

?

瑞昌主要道路为沥青和水泥路面，由国道、省道连接外省，乡镇之间由县道和乡道连接，道路基本通畅，部分乡道、村道的路

瑞昌整体路况较好，但乡村公路两旁杂草丛生，破坏道路边界视觉质量，部分道路路因此而变窄。

6. 产业分析

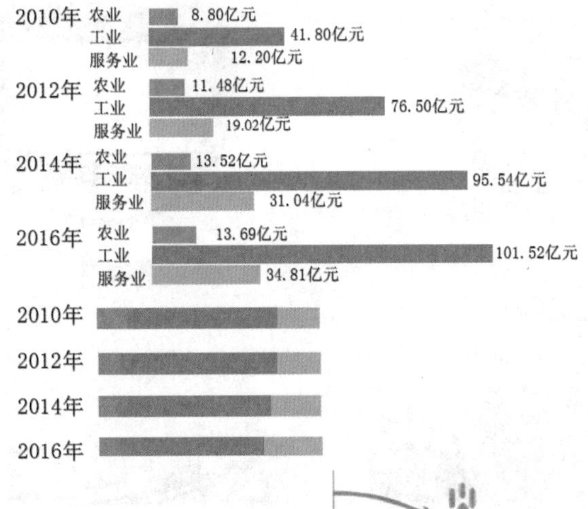

瑞昌主要产业以第二产业为主，主要集中在码头镇，各个产业主要集中在瑞昌东部丘陵平原地区。

瑞昌经济不断增长，但是在三产比中农业占比逐渐缩小，服务业占比逐渐增大。

7. 人口分析

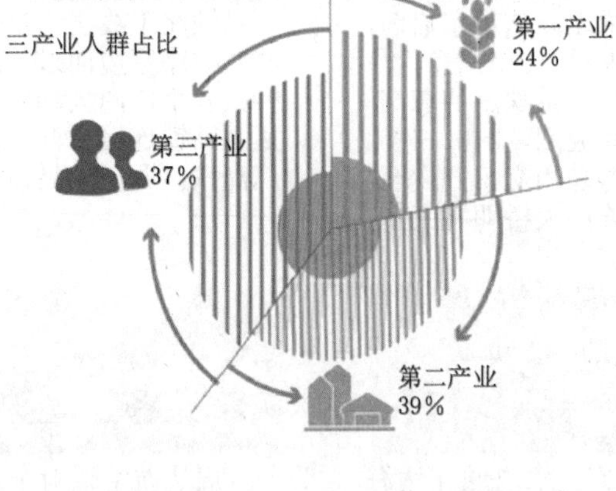

瑞昌人口分布东北密、西南疏，主要分布在瑞昌城区和码头镇，其他人口呈散点分布。

8. 景观资源分析

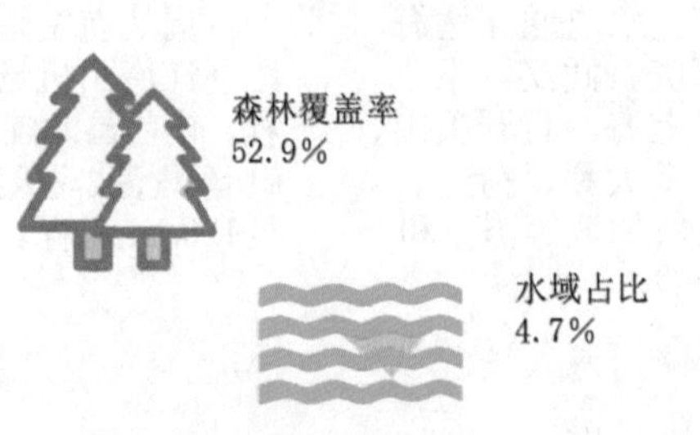

耕种占比
33.7%

瑞昌以低山丘陵为主，中部高四周低，西南高东北低，水系沿山势东西走向。

9. 场地建筑风貌

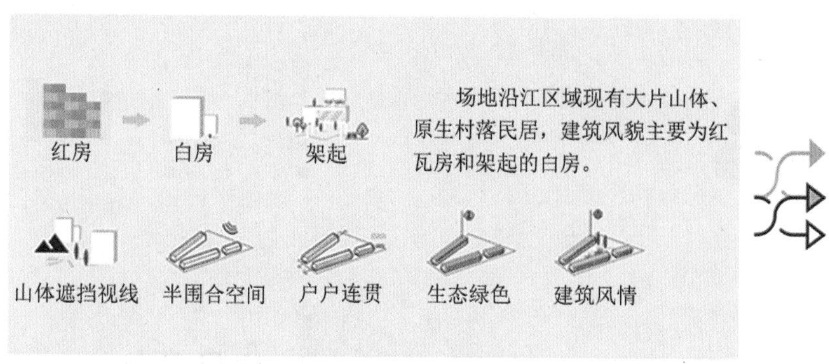

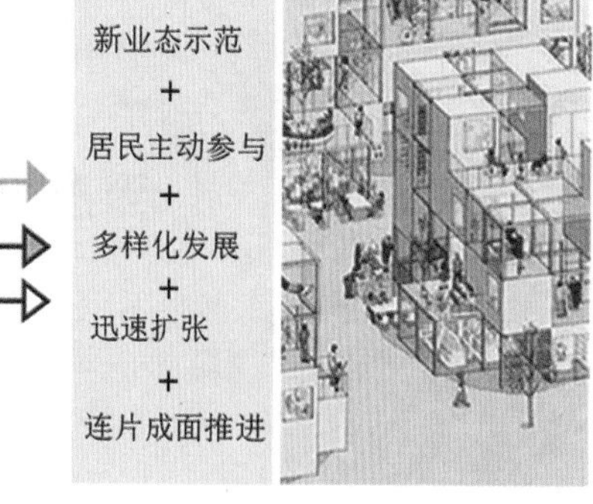

江州造船厂紧邻长江、场地内有下巢湖，地势低洼，在雨季，易发生洪涝灾害。周围局部山体被开采而裸露，易发生泥石流，暴洪等灾害，需对山地进行恢复。

10. 生态防护

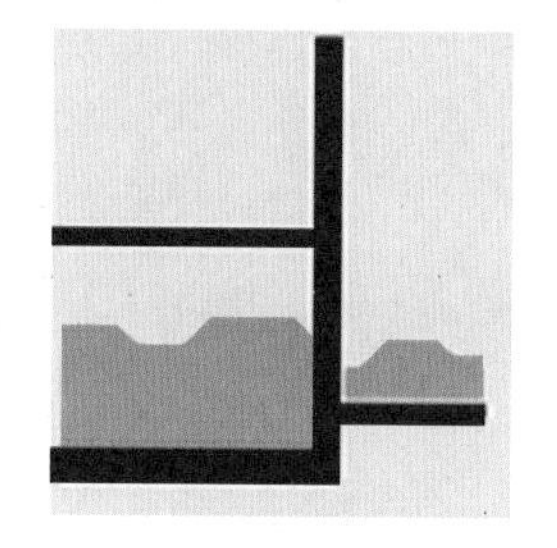

侵入式防洪

抬升式防洪

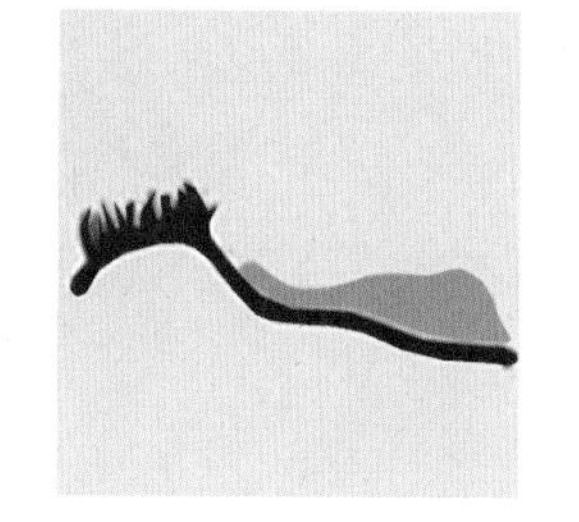

山地恢复

可吸纳洪水街道

堤坝防洪道

多功能防洪堤

11. 方案构思

12. 区域联动 城乡互动 资源整合

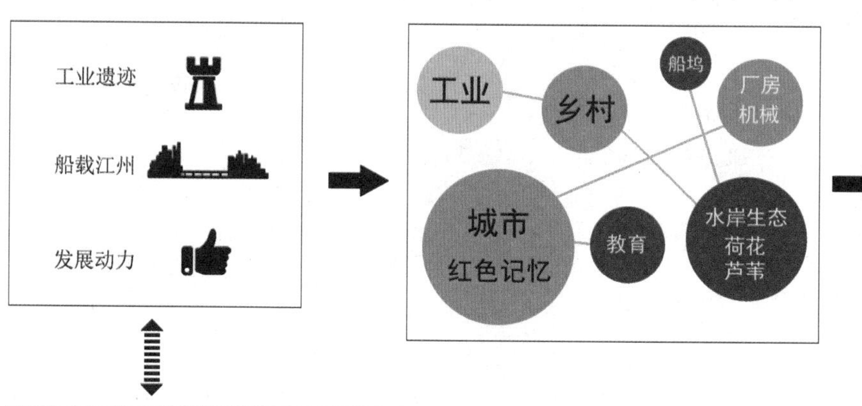

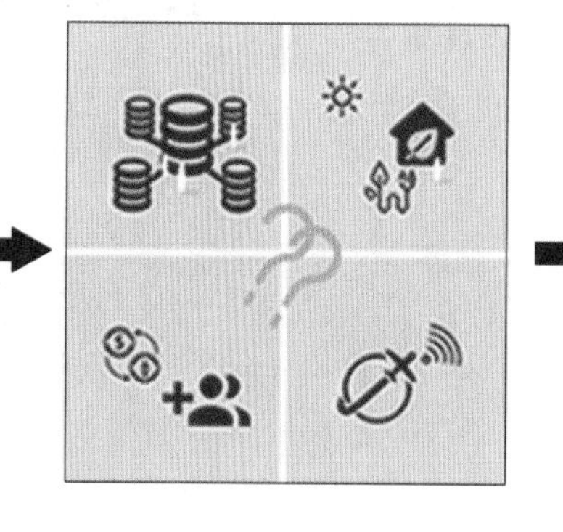

如何全域旅游，综合发展？

如何治理工业污染，健康旅游？

如何引入创客，激活发展？

如何用现代科技，智慧旅游？

- 拥有保存完好的造船工业遗迹，但缺乏环卫设施，工业残骸无序堆放。

- 目前场地中部造船厂还在运行，部分厂房场地已被租用，主要用于食品加工和养鸡等。

- 工业遗迹保留完整，有山有湖有田有谷，环境优美，可塑性高。
- 内部道路有水泥路、石子路，路边杂草丛生，无道路标识系统。

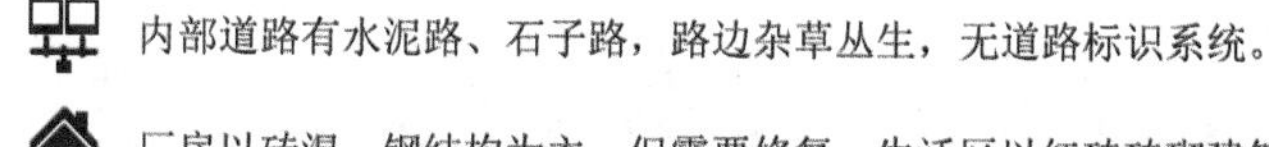

- 厂房以砖混、钢结构为主，但需要修复。生活区以红砖砖砌建筑为主，古朴自然。

- 该地之前有一所技校，目前停用，现有江州造船厂职工子弟学校。

- 瑞昌是中国青铜冶炼文化“发祥地”，铜岭遗址是最早的采铜冶铜遗址，剪纸和竹编被列为非物质物化遗产名录，是“中国民间艺术之乡”。

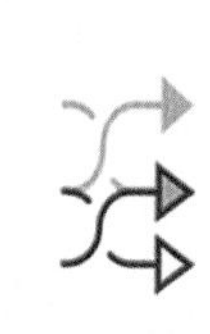

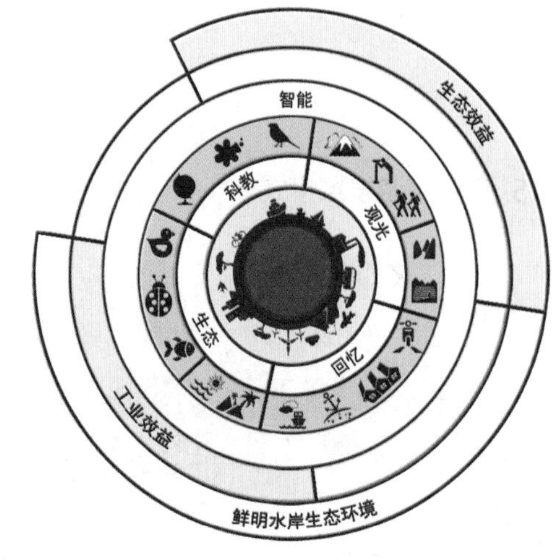

13. 客源分析

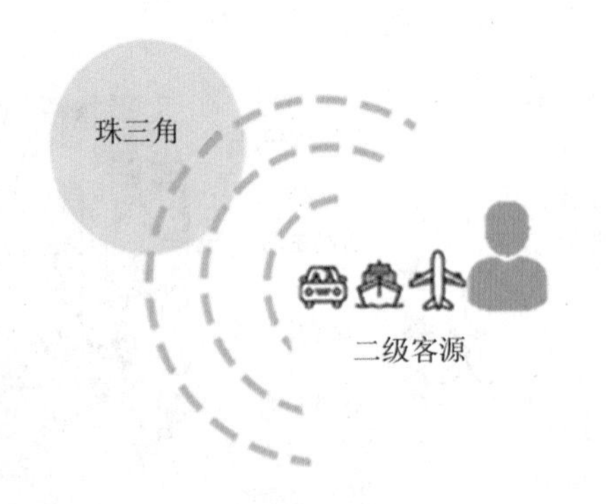

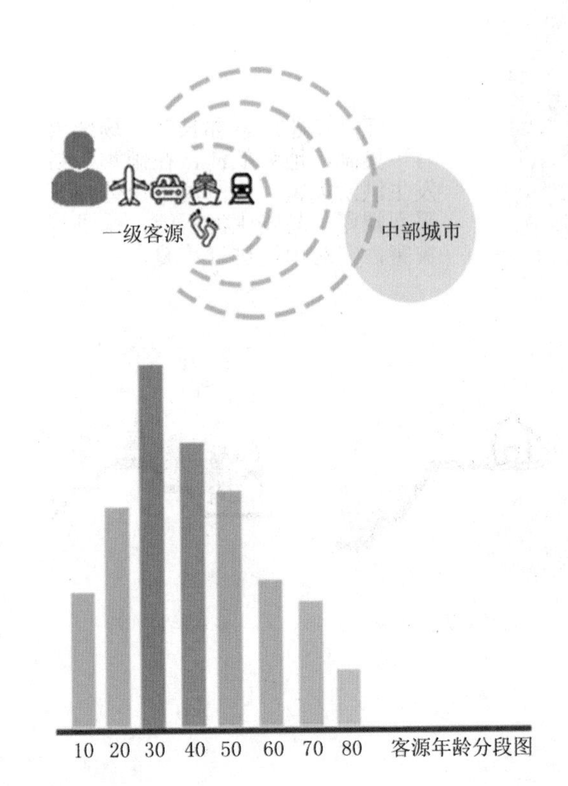

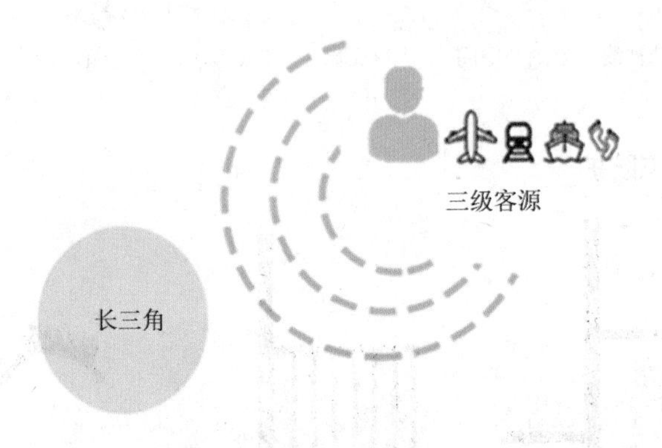

14. 四季活动清单

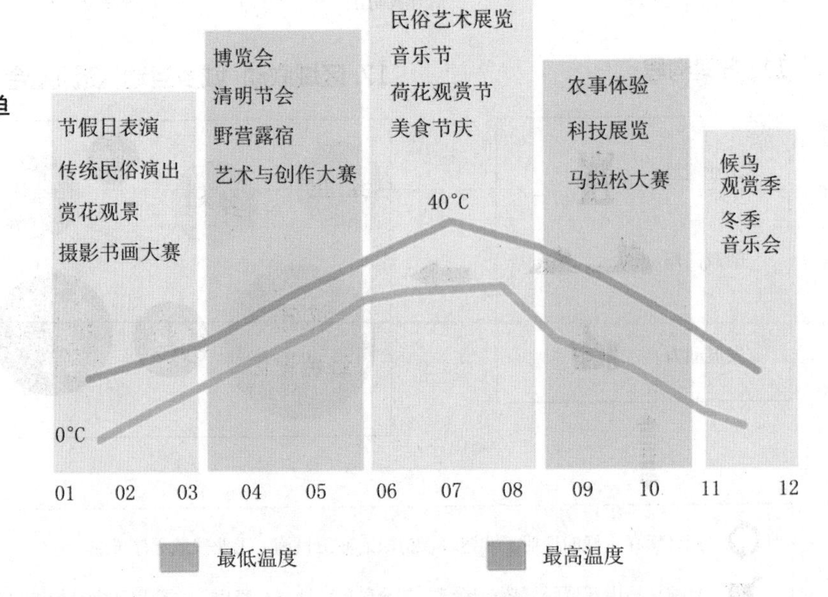

15. 工业旅游发展模式

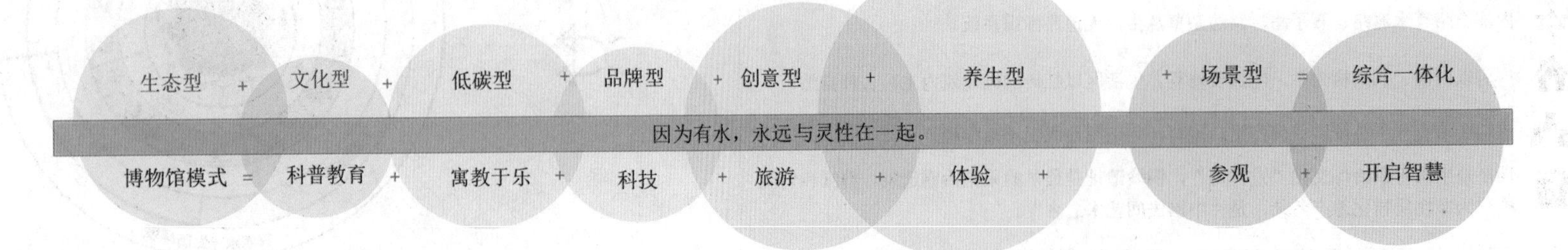

16. 瑞昌周边旅游资源分析

瑞昌市位于环庐山旅游带的西北翼，庐山旅游圈具有丰富的旅游资源，主要是以自然景观为主的旅游目的地。

工业旅游资源包括宜春金锣湾度假村和江西铜业集团公司工业旅游区。

竞争性旅游资源包括鄱阳湖、庐山、景德镇、婺源、滕王阁、三清山、龙虎山、仙女湖、明月山、武功山、井冈山和通天岩。

江西铜业集团公司

鄱阳湖

婺源

龙虎山

庐山

井冈山

景德镇

17 瑞昌旅游资源分析

瑞昌旅游资源丰富，多分布于瑞昌东部区域。

工业遗址包括江西江州造船厂、江西航海仪器厂、洪下人民机械厂、新民机械厂和九江船用机械厂。

历史人文景观包括江家岭古村落、红木博览城、革命英雄烈士纪念碑和苏维埃革命遗址。

自然风景包括赤湖观光度假区、青山省级森林公园、秦山森林公园和峨眉溶洞群。

江西江州造船厂

江家岭古村

赤湖

青山森林公园

峨眉溶洞群

苏维埃革命遗址

二、场地SWOT分析

1. 优势（S）

（1）区位交通优势

瑞昌交通便捷，初步形成水陆空立体交通网络。北滨长江水道，东距开放港口城市九江约32km，水路上通汉渝、下达宁沪，并有直接通向日本、香港、东南亚国家和地区航线。铁路有南武（南昌至武汉）铁路贯穿全境，连通鹰厦线和浙赣线，直接京广线和京九线，南进南昌、北通武汉十分方便。公路四通八达，九界、瑞南两条省道与316、315国道交织贯通，双瑞公路与昌九、九景高速公路互联成网，地处武汉3h经济圈和南昌3h经济圈内。尤其是高标准在建的杭（杭州）瑞（瑞丽）高速公路，将大大改善出境通道能力。

（2）旅游资源组合优势

瑞昌山水秀丽，旅游资源富饶。自然资源，有峨嵋溶洞群幽险奇特，规模宏大；省级森林公园秦山天然丽质，景迹繁多，葱郁古朴，浑然天成，与庐山遥相呼应，堪称姊妹山。

（3）原生态环境优势

瑞昌市原生态优势明显。拥有省级森林公园——秦山，长江流域重要湿地——赤湖，是大庐山地区西北翼重要生态屏障和“生态绿洲”，具有原生态的山林和水域，空气清新、气候宜人、属于纯绿色生态地区。

（4）休闲客源市场优势

瑞昌市地处九江、南昌、武汉、长沙等几大“都市圈”的结合地带，市场优势明显。这几个大城市受地形等多种因素影响，都是长江中游地区著名的“火炉”，且南昌和武汉都属于城市化程度比较高的城市，城市环境较差。比较而言，瑞昌市域自然、人文景观丰富，特色明显，具备原生态性，如清新的环境、山林旷野、水域湿地、文化遗产等。著名景区秦山夏季气温比九江、瑞昌市区低5℃左右，且没有庐山那样游客拥挤，加之瑞昌市交通便利，有条件成为这一区域旅游产业发展新的增长极。

（5）经济社会优势

瑞昌市工业产业基础雄厚，是江西省传统工业强市，地方财力较强，是江西省经济发展综合先进县（市），目前市域经济继续保持强劲发展态势。

2. 劣势（W）

（1）旅游产业基础较差

长期以来，瑞昌城市职能定位主要是工业城市，故其虽然拥有丰富的旅游资源，但人们对它的开发利用价值缺乏足够的认识，也缺乏建设开发与宣传营销，旅游业起步较晚，目前仍处于初级阶段。主要表现在：

一是主导产品缺失，特色产品开发缺乏创新题材，如商周铜铃古铜矿遗址几经反复论证，目前仍未合理有效保护开发，省级森林保护区秦山亦基本处于原始自然状态。

二是产业体系不健全，旅游业六大要素中吃、住、购、娱薄弱。

	优势（S）	劣势（W）
内部条件	（1）区位交通优势。 （2）旅游资源组合优势。 （3）原生态环境优势。 （4）休闲客源市场优势。 （5）经济社会优势。 （6）后发优势。	（1）旅游产业基础较差。 （2）资源缺乏垄断性，开发难度较大。 （3）旅游产品未纳入大庐山的主题旅游体系中。 （4）宣传促销力度不够。 （5）旅游人力资源匮乏。

三是产业管理不统一，难以进行最优组合和最佳协调。目前瑞昌市内很多景区（点）和旅游企业仍属多头管理，未能构成合理的游线串联和旅游活动的最佳组合，致使效益偏低，旅游资源没有得到合理、有效地开发利用。

（2）资源缺乏垄断性，开发难度较大

瑞昌市旅游资源虽然种类齐全，自然人文兼备，但境内垄断性旅游资源相对缺失，即使如商周铜铃古铜矿遗址具有较高潜质的资源也仅停留在概念设计上，远未开发到位，给旅游产品开发设计带来一定困难。与此形成鲜明对照的是，随着庐山风景区垄断地位的进一步增强，周边永修县、星子县、庐山区旅游业的强势发展，使瑞昌市的发展面临着激烈的竞争。因此，瑞昌市的旅游资源开发需要质的突破，才能建构起大庐山旅游景点系统中不可或缺的景点。同时，在激烈的竞争中景点的比较优势消长变动，比较优势可能不断转化为比较劣势，这种不确定性对瑞昌市旅游资源开发造成巨大威胁。

（3）旅游产品未纳入大庐山的主题旅游体系中

目前，支撑瑞昌市旅游发展的主体产品主要是以商周铜铃古铜矿遗址为核心的人文景观旅游产品和以秦山为代表的自然景观旅游产品，但由于其开发程度较低、配套基础设施未建立完善等原因，这两处景点尚没有纳入江西省旅游开发和市场营销的重点，旅游产品未纳入大庐山的主题旅游体系中。

（4）宣传促销力度不够

随着市场竞争的加剧，旅游促销投入在市场营销中至关重要。据世界旅游组织统计，全世界平均促销费用占整个国家旅游预算的56%，接待国一般以其入境收入的0.4%用于相应的旅游市场促销。瑞昌市由于缺乏必要的投入，使一些国际、国内的大型宣传促销活动无力参加，直接影响了旅游客源。

（5）旅游人力资源匮乏

人力资源也是制约瑞昌市旅游业发展的主要因素之一。其主要表现有：旅游意识淡薄、文化水平不高；旅游专业人才缺乏，无旅游专业教育和培训机构。

3. 机遇（O）

（1）国内旅游持续增温

随着居民收入的提高，消费结构发生变化，旅游消费快速增长。借助国内旅游持续升温，瑞昌市旅游业有望飞速发展，迎来充足的客源。

2）江西省良好的旅游发展基础和环境

近年来，江西省旅游产业有长足发展，尤其是红色旅游蓬勃兴起，迅猛发展，在全国产生了强烈的反响，“红色摇篮，绿色家园”的品牌已成为江西对外开放的良好形象。

（3）瑞昌市委、市政府确定的打造“水岸生态城市”的发展机遇

《中共瑞昌市委关于在新的历史起点上全力推进瑞昌科学发展的决定》和《二〇〇九年政府工作报告》等，多次提出了打造“水岸生态城市”的建设目标，着力把城市建设作为全市推进科学发展的撬动杠杆，强化市场运作，彰显城市对外新形象。

（4）新兴旅游目的地的发展机遇

同世界上其他国家相比，我国国内旅游的发展有其自身突出特点，一是旅游逐步成为城镇居民普遍的生活需要，人们的出游频度提高，家庭旅游比例较高；二是旅游需求多元化，除了城镇居民的旅游消费外，潜力更大的农民旅游市场已经启动，由此，全民旅游市场得以形成，并成为支持旅游业发展的基础；三是随着退休人员和老龄人口的增加，将出现以旅游为主要生活方式的社会群体。

（5）产业结构调整何提升的机遇

目前全国都处在产业结构大调整的时期，即改变第一、二、三产业的比例，调整的重点是加大第三产业的比重。因此，中央多次提出要大力发展第三产业。旅游业在很多地方是第三产业的龙头，发展旅游业，三产随之就发展上去了，其产业结构也就自然能够得到优化了。瑞昌作为传统的港口工业城市，也面临着产业结构调整，尤其是要大力发展第三产业，提升城市建设与环境条件的发展课题。“无旅不优”已成为全

社会的共识。这为旅游产业乘势而上提供了极好的机遇。

（6）乡村旅游迅猛发展带来的机遇

大力发展乡村旅游是时代的潮流，开展乡村旅游顺应了国际潮流，遵循了旅游业发展规律。江西省和九江市由于有高品味的天然旅游资源和深厚的文化底蕴，旅游业发展初期多依托这些资源，乡村旅游发展相对滞后，在这方面，瑞昌市可谓与其他区县处在一个起跑线上，可紧紧抓住当代旅游产品周期更新的机遇，适应时代潮流大力发展乡村旅游。

（7）构建和谐社会与建设新农村的发展机遇

我国正在加快建设社会主义和谐社会与社会主义新农村，要建成人与人之间、人与自然之间和谐相处，生产发展、生活宽裕、乡风文明、村容整洁、管理民主的新农村。乡村旅游是以乡村地域及与农事相关的风土、风物、风俗、风景组合而成的乡村特色民俗风情为吸引物，吸引旅游者前往休憩、观光、体验及学习的旅游活动。包括农业旅游、农村旅游和农家旅游，具有丰富的“三农”经济和文化内涵。社会主义新农村建设为发展乡村旅游，打造绿色家园，提供了广阔的空间和难得的机遇。发展乡村旅游，打造绿色家园，是缩小城乡差距，促进新农村建设的重要手段，对建设社会主义新农村具有密切的关联和特殊的促进作用。

4. 挑战（T）

（1）周边竞争

全国性的旅游开发热使旅游目的地之间对客源市场的竞争越来越激烈，一个新开发旅游目的地不可避免的会面临竞争的压力。

（2）生态环境值得关注

生态脆弱性是指生态旅游资源系统对作为外界干扰的旅游开发和旅游活动的承受能力是有限的，超出这一限度就会影响和破坏这一生态系统的稳定性。生态环境是瑞昌市的优势，也是瑞昌市旅游业发展的生命力之所在。

（3）产品趋同

瑞昌市和周边其他地区有类似的旅游资源，如果不注意，可能会形成产品的同质竞争，这样必然对瑞昌市的旅游发展是个巨大的威胁。解决的办法是尽力打造出和其它地区、尤其是周边地区有差异性的产品，并保持旅游产品品质上乘。

	机会（O）	威胁（T）
外部条件	（1）国内旅游持续增温。 （2）江西省良好的旅游发展基础和环境。 （3）瑞昌市委、市政府确定的打造“水岸生态城市”的发展机遇。 （4）新兴旅游目的地的发展机遇。 （5）产业结构调整和提升的机遇。 （6）乡村旅游迅猛发展带来的机遇。 （7）构建和谐社会与建设新农村的发展机遇。	（1）周边竞争。 （2）生态环境值得关注。 （3）产品趋同。 （4）旅游开发建设的创新难度日益加大。 （5）国际金融危机和甲型流感对旅游业的影响。

（4）旅游开发建设的创新难度日益加大

旅游业经过多年持续高速的发展，旅游者的消费心理已趋成熟，消费行为越来越理性，旅游市场对产品的要求越来越高，这都加大了旅游开发的难度和风险。新点子、好创意越来越难得，这也是瑞昌市未来旅游业发展中必须面对的现实。

（5）国际金融危机和甲型流感对旅游业的影响

去年由美国次贷危机引发的全球金融危机，对全球国际旅游的影响还在延续，对我国旅游市场的影响也远未消除。金融危机及其所带来的经济衰退会对我国入境旅游收入、旅游企业投资和国内旅游消费产生不同程度的负面影响。

三、江州造船厂场地分析

1. 地形结构分析

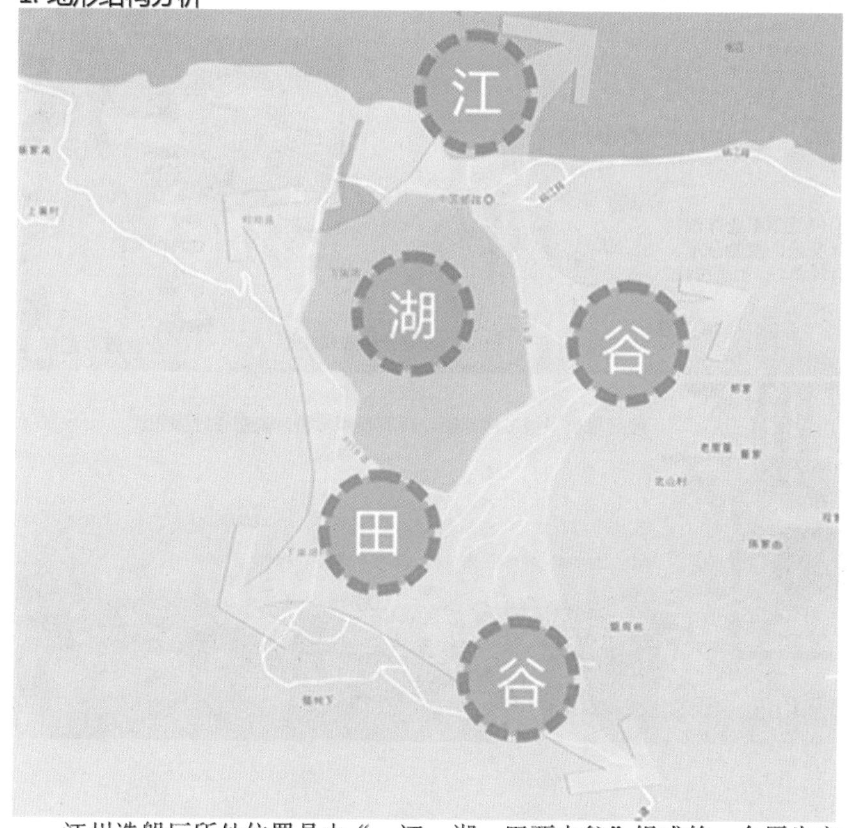

江州造船厂所处位置是由“一江一湖一田两山谷”组成的一个原生空间，四面环山，整体地形空间结构就像一个“凶”字。

2. 场地周边环境现状分析

该厂区附近有一个水泥厂，厂区周围山体被用来开采山石，导致场地周围山体景观视觉质量不高，区域内局部裸露的山体严重破坏了沿湖天际线原生的景观风貌。

3. 场地地形卫星图

4. 船厂内部现状

良好旅游度假条件

提高生活质量

出行购物方便

自给自足

展示独特文化魅力

引领生态文明建设

打造特色旅游工业区

增加外汇和税收

缓解工作学习压力

学习科普历史文化

享受休闲度假慢生活

体验特色服务

增加收入

提高生活质量

工作增加激情

免费游玩旅游区

投入大回报大

打造大品牌形成大市场

提高知名度和声誉

收入效益提高

良好的工作环境

拥有优惠政策

提升创业能力

增加就业几率

四、规划策略

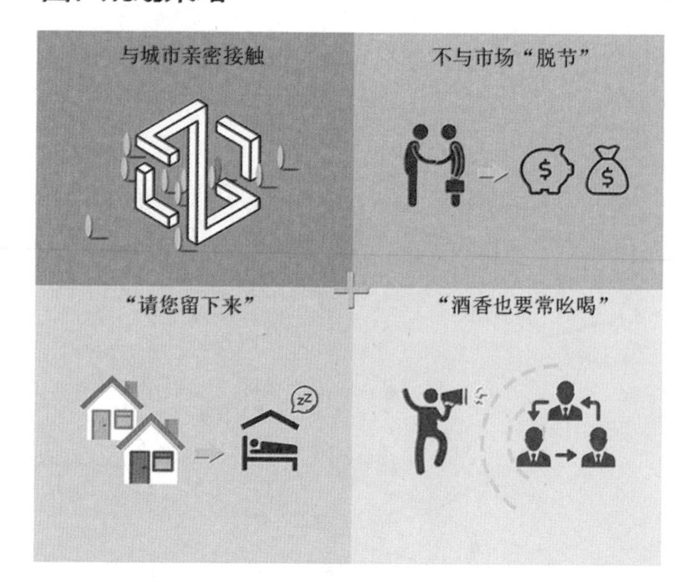

=

现有资源要素 + 产业资源 = 新型旅游产品

1. 将其纳入城市建设中。
2. 做好客源市场开拓，增加客源。
3. 整合旅游产品，优化旅游路线。
4. 加强专业管理，拓宽宣传渠道。

1. 场地受制于交通，通过区域用地条件与自然风光，可以看出此项目的资源就是场地本身，可以充分发挥小城镇周边游。

2. 利用“文化资源承载+休闲体验功能”的打造，与区域其他竞争产品形成差异，独树一帜。

“立异而胜”

充分利用当地的自然风光和文化，在未来新的开发模式下，成功实现带动周边小城镇经济的发展，形成一个全新的旅游模式。

五、总策略

1. 指导思想

保留当地特色资源，使船文化在未来留下谈话权

打造滨江特色工业旅游，让江州成为瑞昌旅游的“领头羊”

做“滨江”文章，带动沿江居民经济共同发展

挖掘山地价值，实现山地资源综合利用，实现山江联动

2. 战略目标

沿江一带旅游度假观光地

打造入赣门户形象

沿江一带江西旅游目的地

3. 谋划方略

确立整体形象——全域旅游工业体验区

进行区域整合

打造精品名牌——荻花风情区

美化两条景观带——沿江、沿湖

突出文化内涵——铜、红色

实现科教兴国

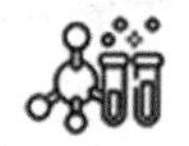
实行产业联动

一江两岸，带动周边经济发展

4. 找准定位、开放共享

江西、湖北作为近距离依托城市，以这两省为基础客源市场。
铁路飞机的普及，湖南、福建、重庆、四川等省份日益成为潜在战略增长点。

目的地驱动型 + 休闲度假主导型

5. 注入新鲜血液、绿色创新

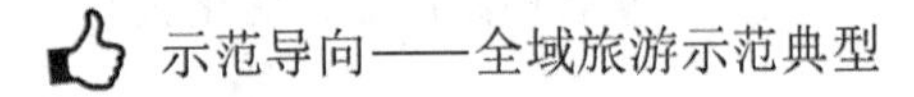
示范导向——全域旅游示范典型

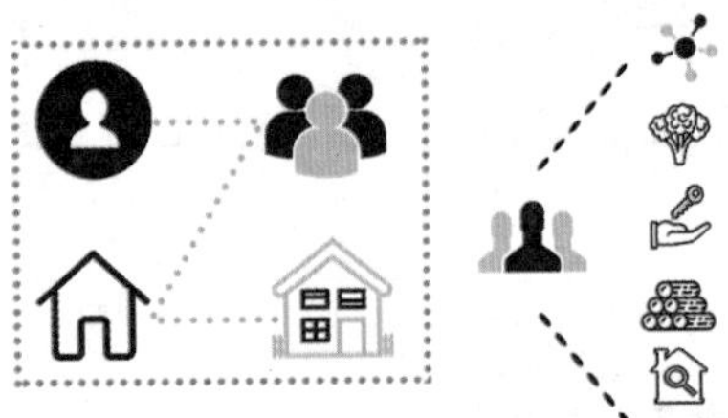

- 引入创意产品，注入新鲜血液……
- 把商业群融入当地特色工业建筑中做特色商业小镇
- 智能互动、VR体验区、3D打印……
- 果园采摘、农事体验、野餐基地……
- 民宿、高端酒店、农庄经营体验……
- 户外、亲子乐园、拓展训练、荻花观光……
- 博物馆、亲子少年教育、展销中心……

6. 新老产业整合发展、协调共生

人力劳动到智能

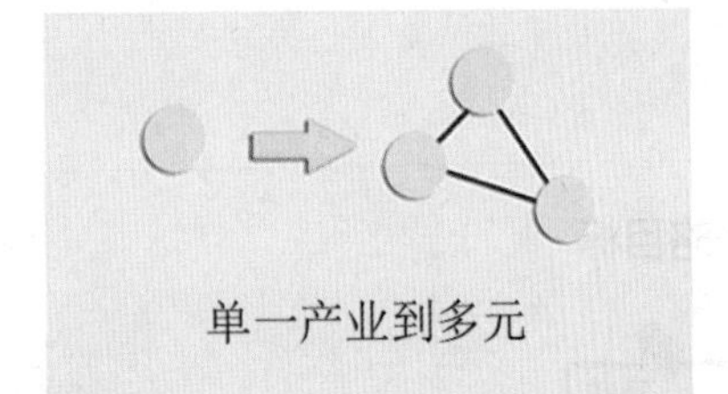
单一产业到多元

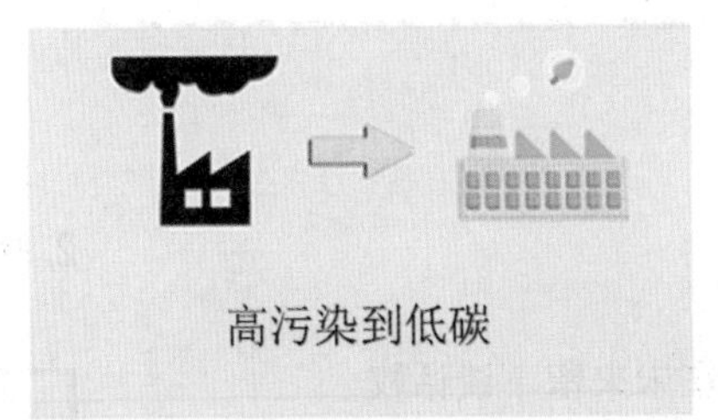
高污染到低碳

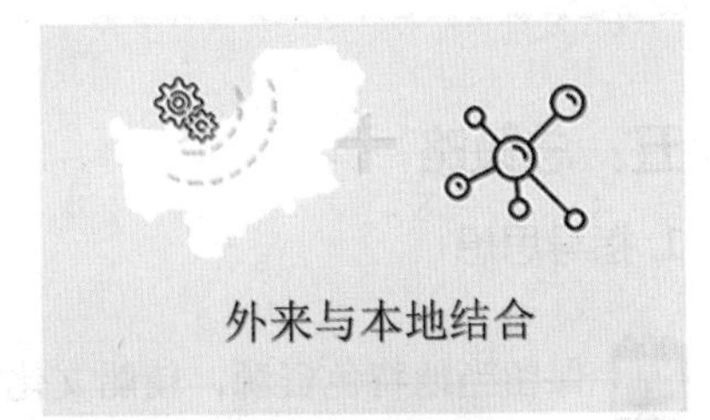
外来与本地结合

六、市场营销

1. 主体思路

2. 运营策略

(1) 区域联合发展，实现市场突围

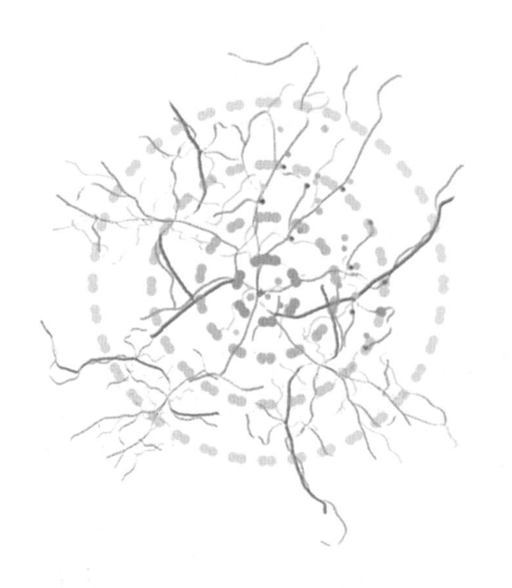

(2) 全产业链融合发展，实现产业增值

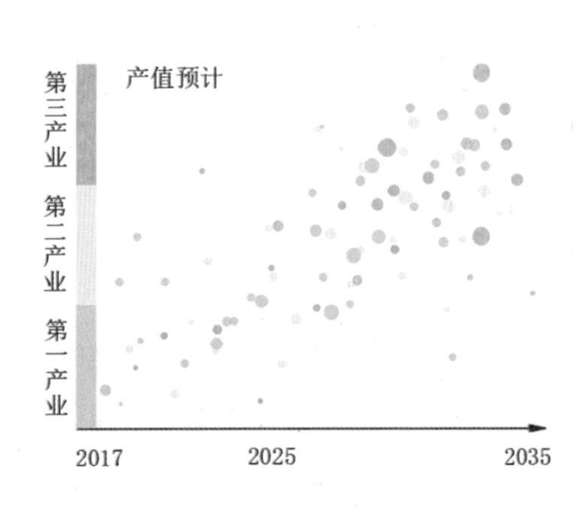

激活瑞昌本市旅游资源并且融入江西省旅游格局之中利用边际效应，借助鄂赣黄金环线的影响力、庐山、井冈山等重要客源，上下结合、横向联动、多方参与与其他景区互补发展，由单打独斗转向联动发展，实现市场突围。

(3) PPP模式 + O2O模式

PPP模式，是指政府与私人组织之间，为了提供某种公共物品和服务，以特许权协议为基础，彼此之间形成一种伙伴式的合作关系，并通过签署合同来明确双方的权利和义务，以确保合作的顺利完成，最终使合作各方达到比预期单独行动更为有利的结果。

O2O是指将线下的商务机会与互联网结合，让互联网成为线下交易的平台，这个概念最早来源于美国。O2O的概念非常广泛，既可涉及到线上，又可涉及到线下,可以通称为O2O。主流商业管理课程均对O2O这种新型的商业模式有所介绍及关注。把瑞昌市导入主流市场，打造PPP模式、发展线上线下的O2O模式，直接带动主动以及周边流线。

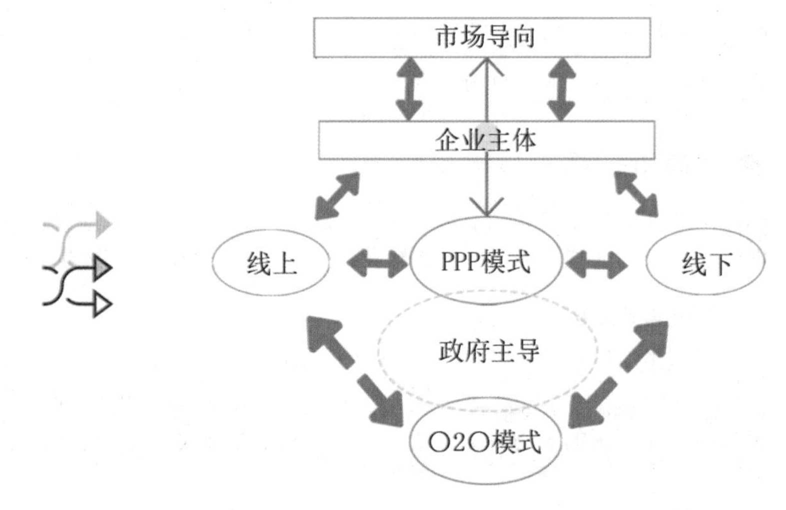

3. 营销网络图

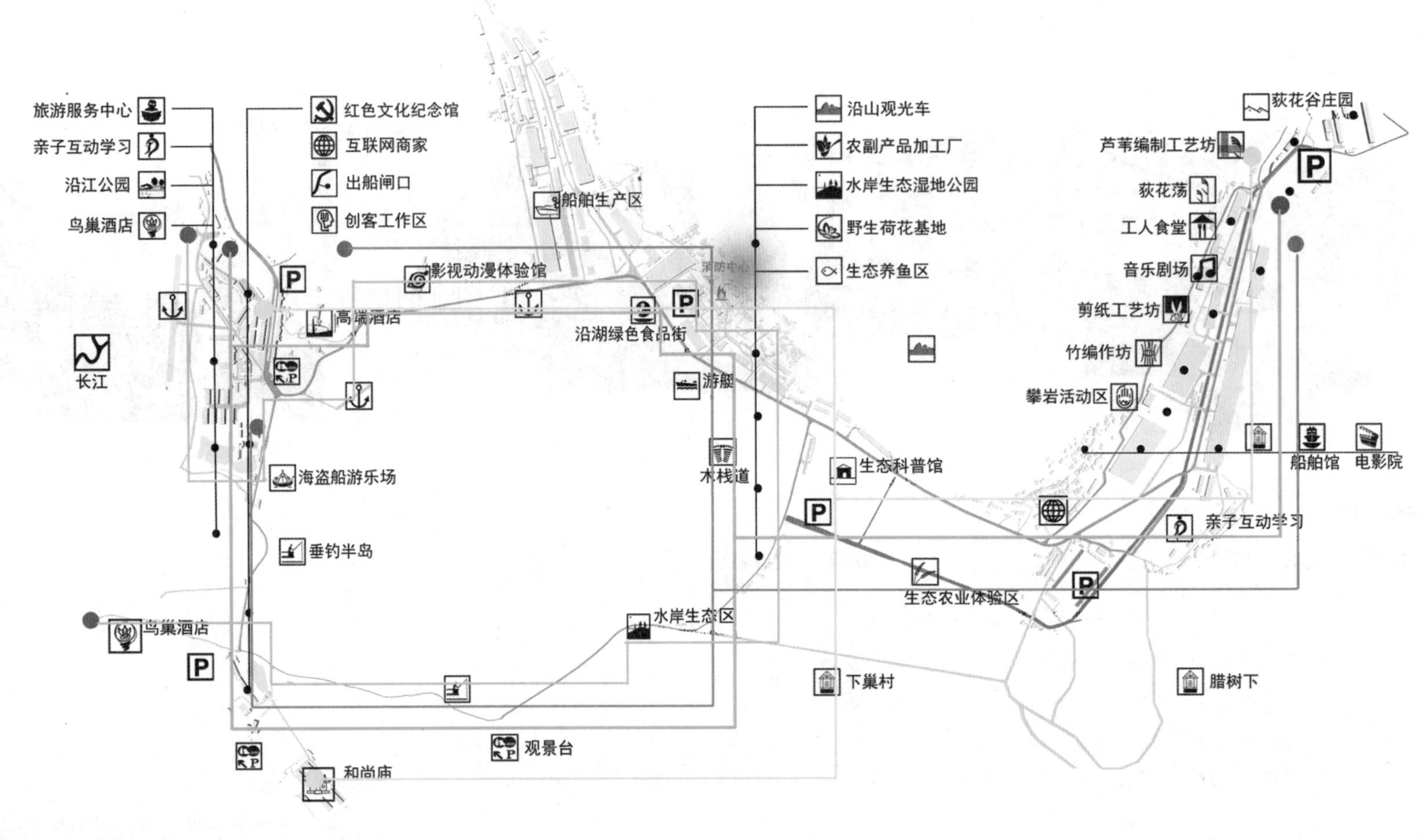

水岸生态之旅

由于该地地处长江边，下巢湖畔，并且水域面积约占整个场地的一半。对于优良的水岸资源，我们将会好好利用，精心打造。场地的入口是一条沿江的县道，从码头镇到该场地约有十分钟的沿江观光车程，除此之外到达目的地后，对面为游客服务中心，从游客服务中心出发，沿江而行，沿江小码头—江州社区—沿江公园—特色鸟巢酒店—出船闸口—创客创业园区；从江州社区出发，沿湖而行，海盗船游乐区—船舶停靠区—动漫区—生产观光区—沿湖公园（绿色食品街）—游艇—赏荷木栈道—水岸生态保护区—观景台—出船闸口—垂钓半岛。对于一江一湖水岸，我们充分考虑到了人体验的可达性和对水岸生态的恢复，达到人与自然的和谐。

探索自然之旅

江一湖一谷一山，构成了该地特有的地形，也形成了该地独有的自然风景。长江滚滚向东流，湍急的水流冲刷两岸，形成了对岸的武穴和彼岸码头镇。江州造船厂地处长江凹岸，水较深，有利于船的停靠。江边芦苇丛生，野花烂漫，江水拍打着江岸，发出清脆的声音，对岸又远山重叠，自然之美尽在其中。下巢湖，湖水主要来自长江，湖域面积宽广，北深南浅，该湖有良好的野生荷花，约占整个湖的三分之一，每当这里开花时，仿若仙境，美不胜收，特别适合游客赏荷游玩。谷底分为田谷和山谷，江州造船厂对面为几个村落，中间平坦处为稻田，而山谷深处主要是当地居民居住区和船厂厂房。该地三面环山一面临江，除了场地，周围也有许多不错的自然资源。

风情浪漫之旅

江畔风光，浪漫的鸟巢主题酒店，高端大气的酒店，绿色的沿湖食品街，水上木栈道，慢行稻香，民宿体验，风情芦苇荡……每一处，我们注入爱的的设计，充分考虑到家庭，情侣，亲子旅行的情感升华培养，以“以景动情”为设计目的，充分营造良好的景观氛围。充分利用当地特色植被，让冰冷的工厂开满鲜花，营造一个温馨浪漫的环境。

文化体验之旅

江州造船厂建厂 40 多年里，从核潜艇军工厂到造船厂，承载使命，历经风风雨雨，造过许多船舶，出口到各国家。老旧的 20 世纪七八十年代的江州社区，长满杂草的废旧南部工厂，每一片生锈的铁，每一艘废旧的船，每一块长满青苔的红砖厂房，镂空的窗子等船厂的印记无处不在。瑞昌从3300多年前的青铜冶炼到以工业为主的地级市，工业历史文化源远流长。瑞昌这片土地生产出了全国有名的土特山药，民间的剪纸竹编，更是纳入了全国的非物质文化遗产名列。还有采茶戏，耍龙灯等民俗风情，苏维埃遗址，烈士纪念馆等红色文化。我们将造船厂打造成成“船”承厂，让来到这里每一个人，都能充分体验到瑞昌的历史文化。

七、总体规划平面图

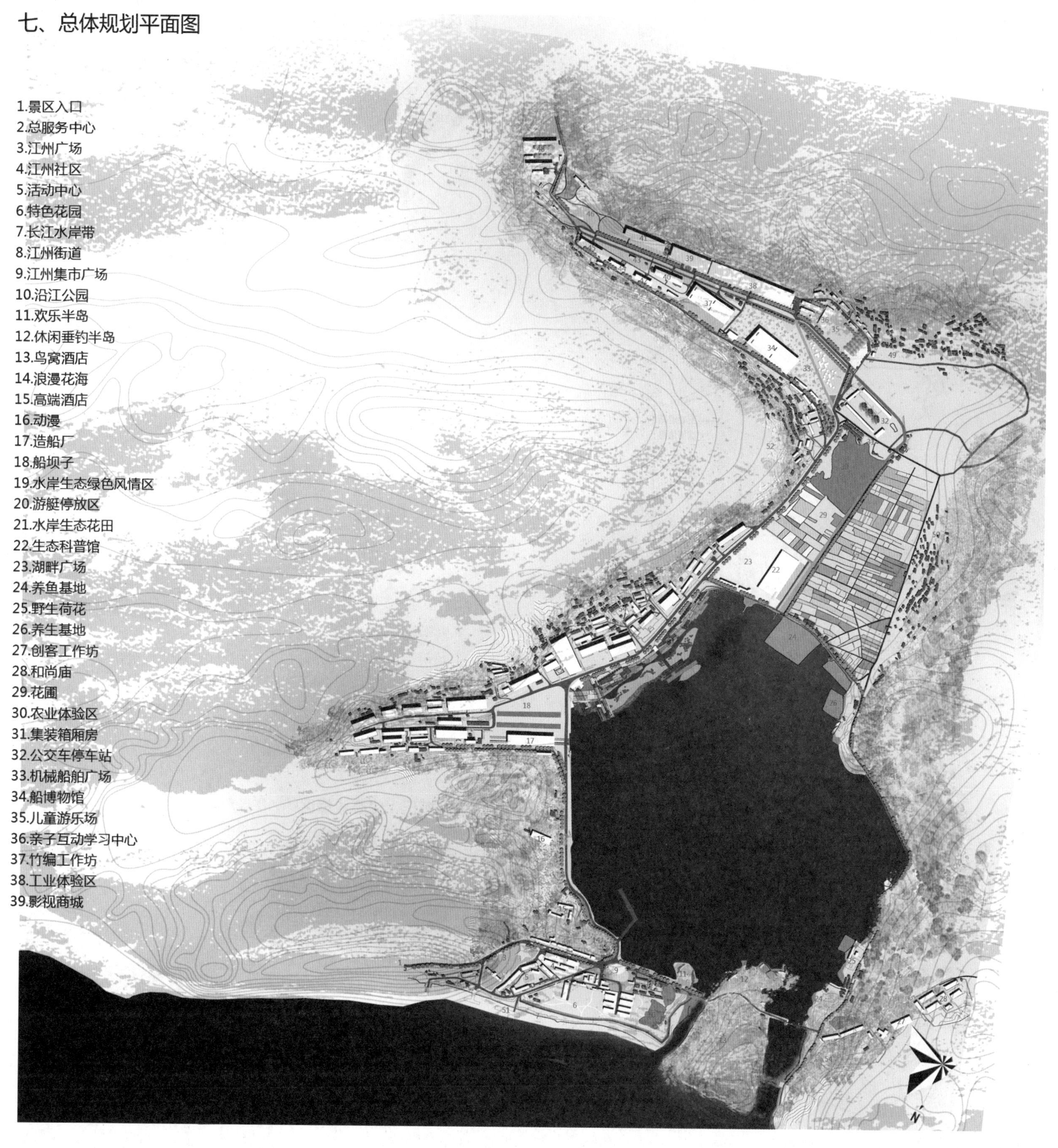
1.景区入口
2.总服务中心
3.江州广场
4.江州社区
5.活动中心
6.特色花园
7.长江水岸带
8.江州街道
9.江州集市广场
10.沿江公园
11.欢乐半岛
12.休闲垂钓半岛
13.鸟窝酒店
14.浪漫花海
15.高端酒店
16.动漫
17.造船厂
18.船坝子
19.水岸生态绿色风情区
20.游艇停放区
21.水岸生态花田
22.生态科普馆
23.湖畔广场
24.养鱼基地
25.野生荷花
26.养生基地
27.创客工作坊
28.和尚庙
29.花圃
30.农业体验区
31.集装箱厢房
32.公交车停车站
33.机械船舶广场
34.船博物馆
35.儿童游乐场
36.亲子互动学习中心
37.竹编工作坊
38.工业体验区
39.影视商城

八、空间形态分析

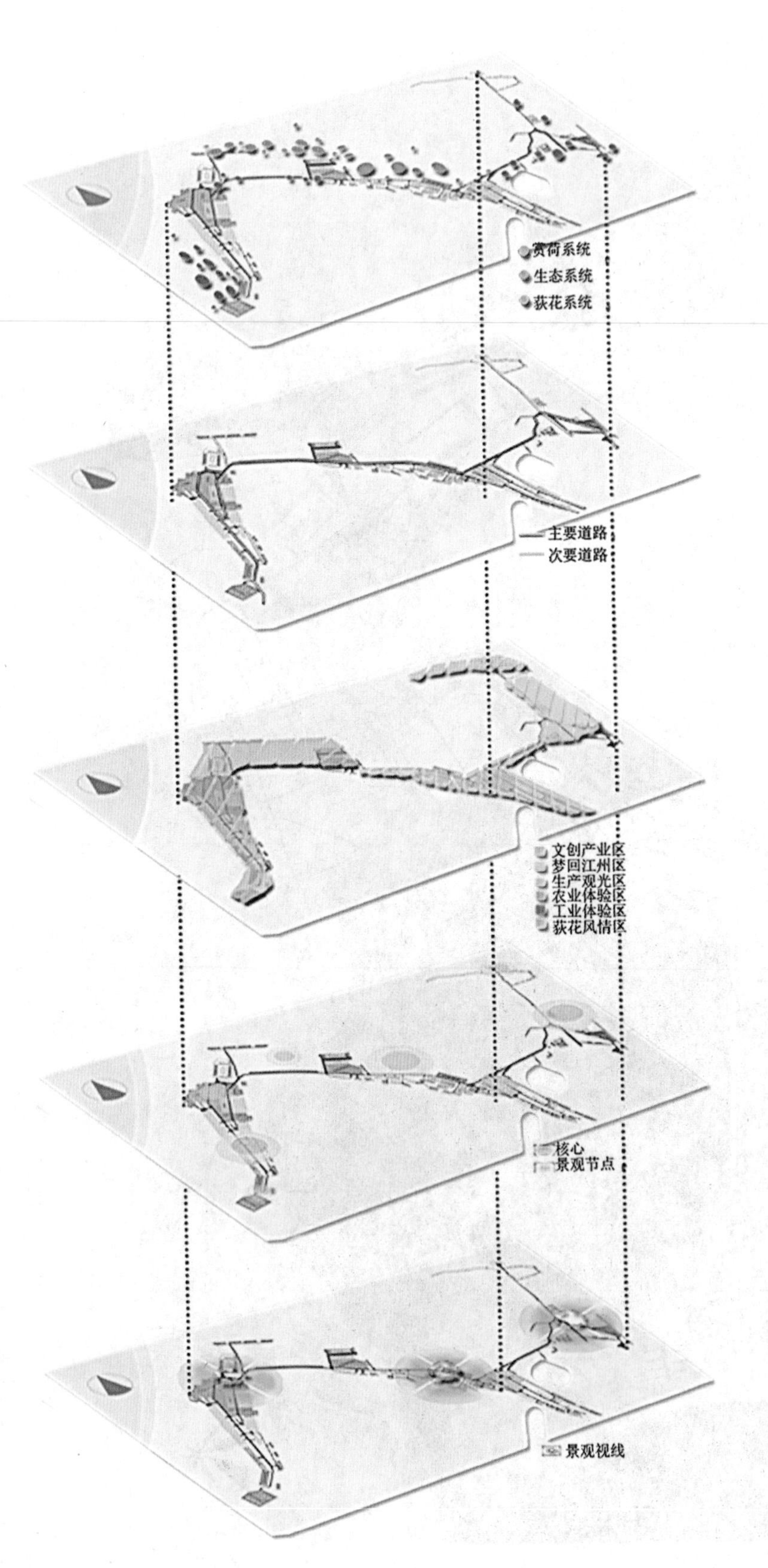

1. 区域一：水岸生态区

2. 区域二：荷塘嬉戏区

3. 区域三：生态驳岸区

九、体验型景观空间构想

1. 亲子活动乐园

区域中布置了亲子游玩活动区域，运用船厂的功能零件造出了各种奇特的游玩景点，青少年可以在这里感受到工厂风味以及激情勇敢的攀岩、跑酷等娱乐设施以及带有科普气息的功能景色，在游乐的过程中也学习到了历史的变迁。

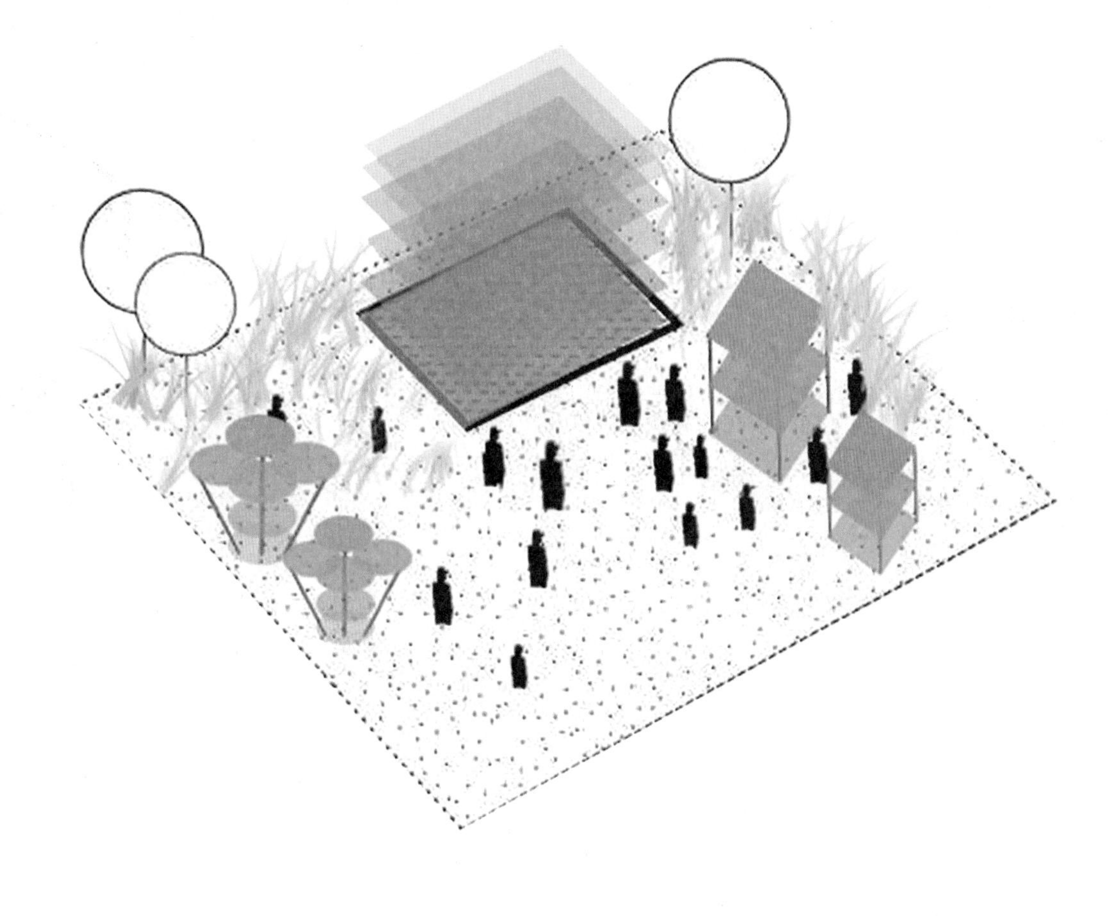

2. 特色商业小镇

运用集装箱的原本元素进行改装，把集装箱装饰成特色商业区，整个区域的设计类似一个部落，把不同的集装箱展示成了不同的风格功能，即购物、餐饮、娱乐等。把船厂原有的工业元素运用其中，充分展示了场地的特色，既保留了工厂的工业元素也突出了整个场地的特色。不伤害和损耗的基础上进行加工突出原有的风格特点，保留文化的历史并将其传承下去。

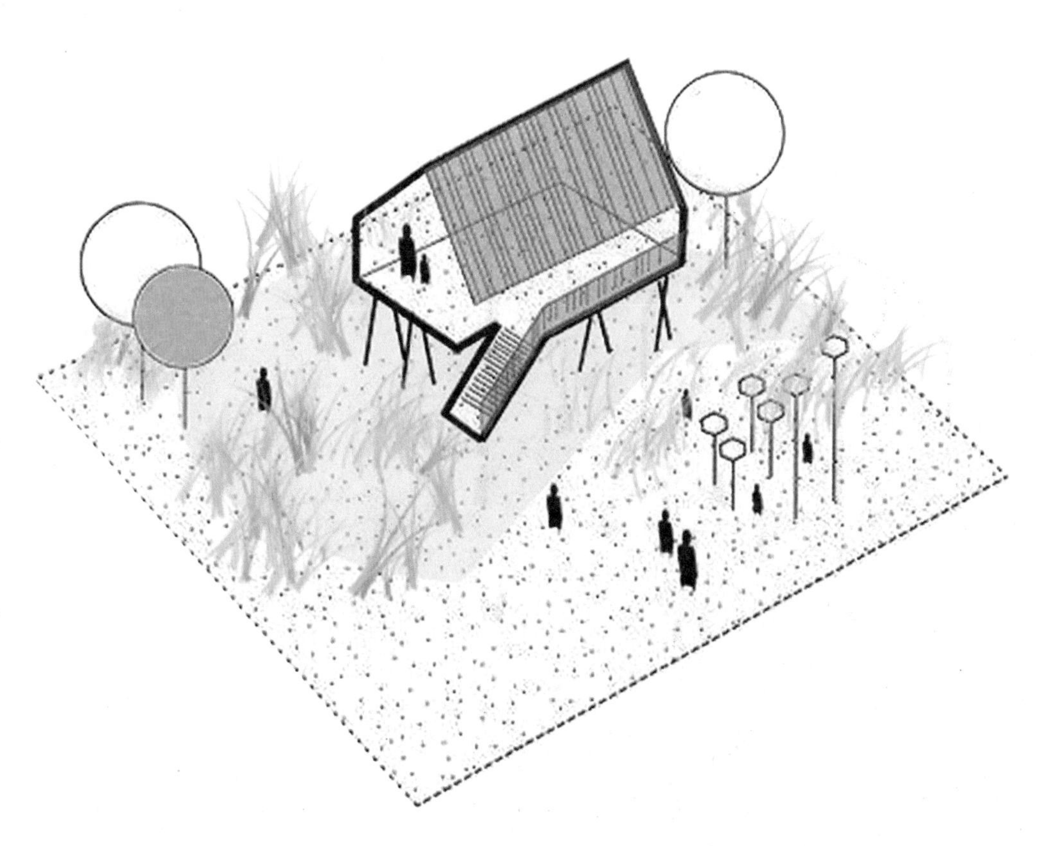

3. 集装箱旅社

工厂的集装箱很普便，不仅可以把它运用到餐饮娱乐，也可以运用到民宿。现在的高端酒店以及快捷酒店千篇一律，游客们更加热爱的是附有特色的民俗体验，简洁干净的装饰下带给游客不一样的体验。此景点即可带来独一无二的体验。

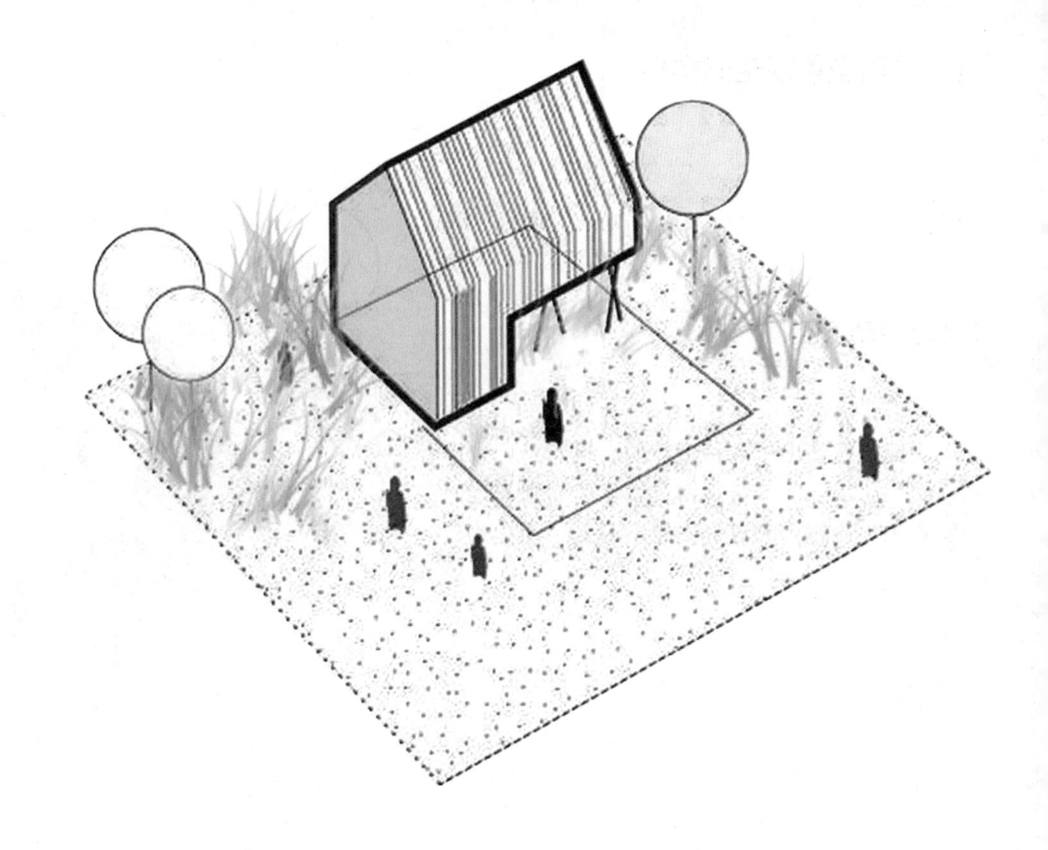

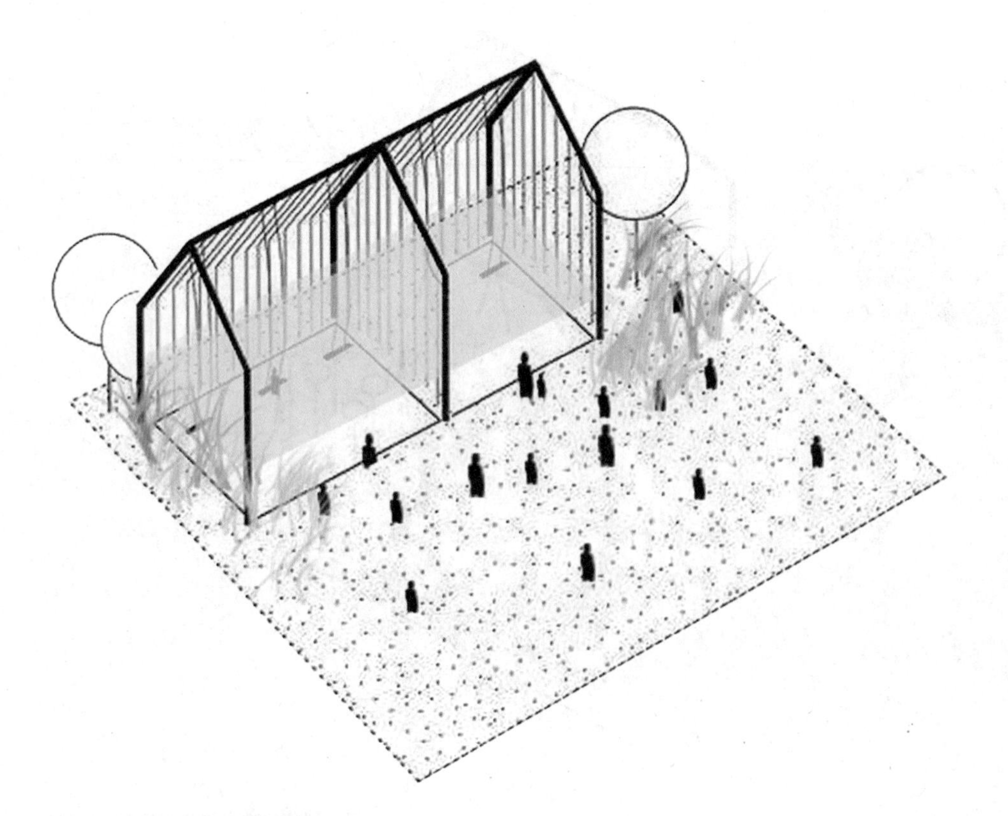

4. 音乐节表演场地

整个景点的地理位置远离市区，场地较空旷，建筑带有历史工业感的气息。江西省属于红色旅游大省，凭借其优越的区位条件和宜人的景色，可以吸引鄂赣的爱玩音乐人士到此举办演唱会。

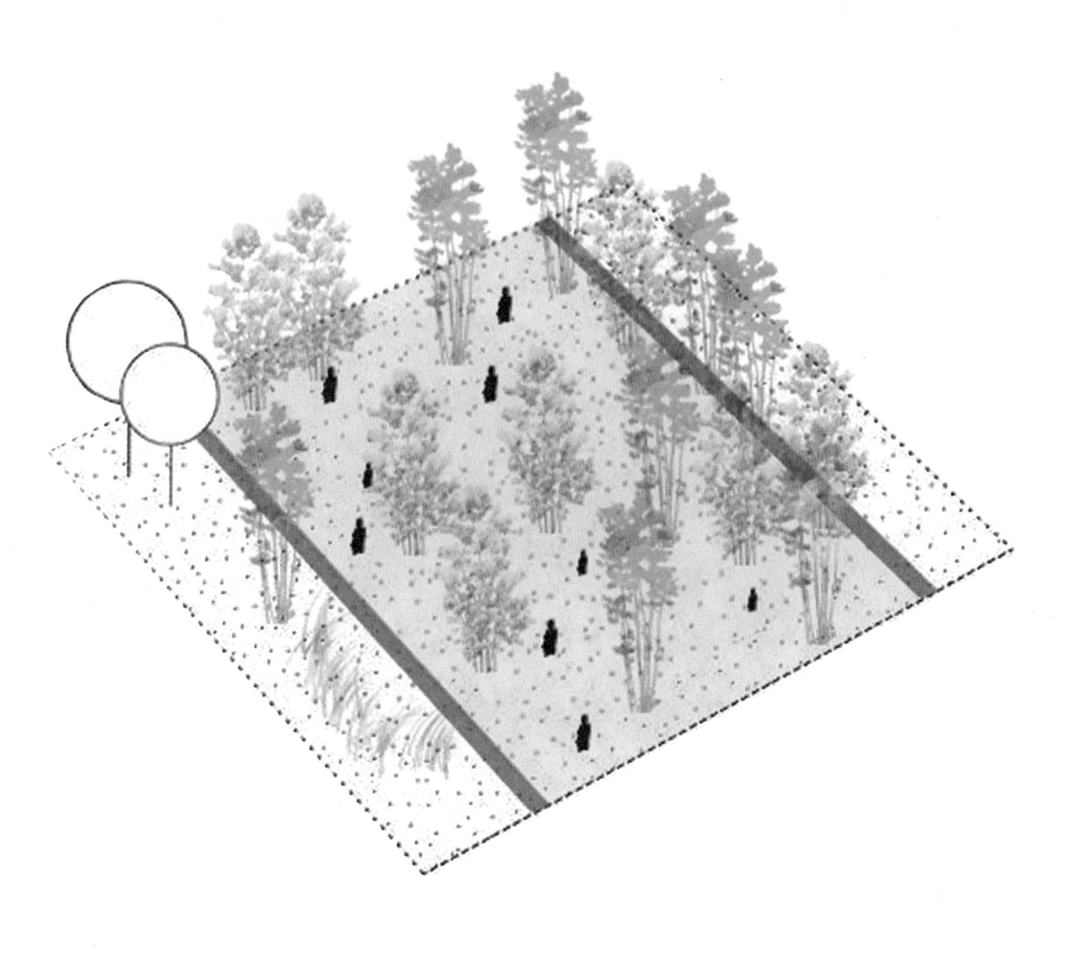

5. 农事体验

船厂的湖边是农民的大片田地，根据景点的要求进行改造，游客可以在农户家里尽情体验农事文化，可以进行摘菜钓鱼之类的农活，使生活在都市的人们体会到农事的勤苦以及了解食物的意义。带小孩子来更是最佳的教育地点。中国的农耕文化不可忘记。我们吃的粮食都是这些农民辛苦劳作的成果，这提醒我们不忘感恩。

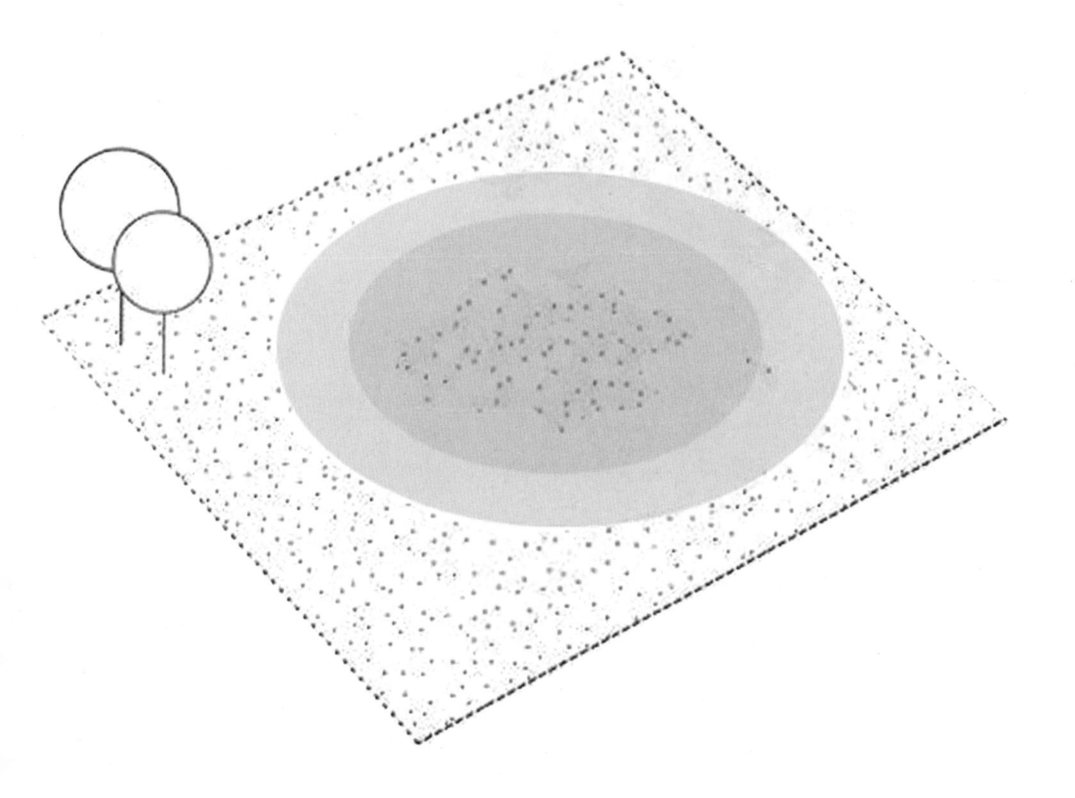

6. 水产养殖

船厂紧邻下巢湖和长江，独有的景观资源应作为体验型景观空间塑造的重要载体，水产养殖和滨水活动可考虑生态保护性开发，游客们可通过江和湖来游玩进行垂钓，体验农事作物的快乐和近距离玩水的体验。

7. 矿坑特色景观

工厂四周被山体围绕，大部分被采矿企业家占有，附近的山体都是很好的挖矿资源。矿产资源加上船厂工业的改造形成了互相依赖的作用，采矿时被炸的山体的石头散落，景色十分奇特和美观，依据这一点，在景观场地设置了矿坑的特色景观，建立的大平台提供游客观赏。

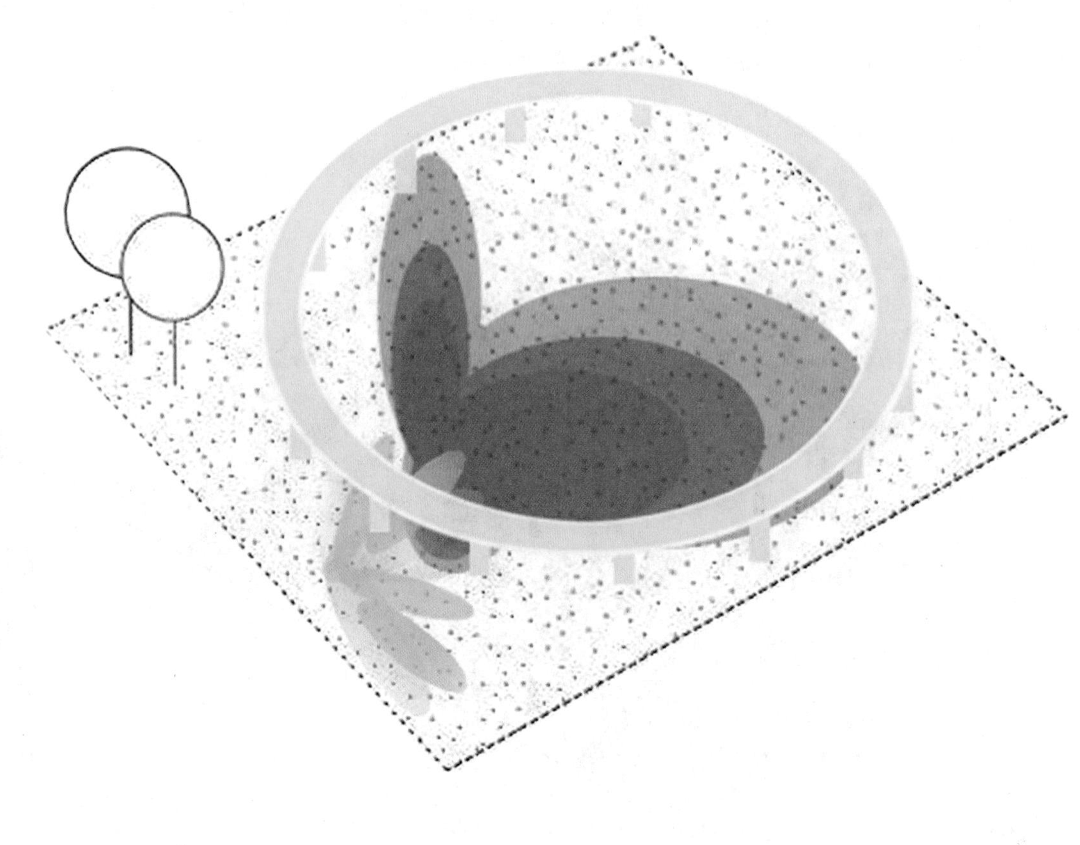

8. 人工湿地

工厂的四周有丰富的水资源，适合做人工湿地，提供游客观赏游玩，体验那种乡村气息，在城市生活久了往往忘却了原有不变的东西，把这个湿地引进其中，便可让游客享受特色景观。

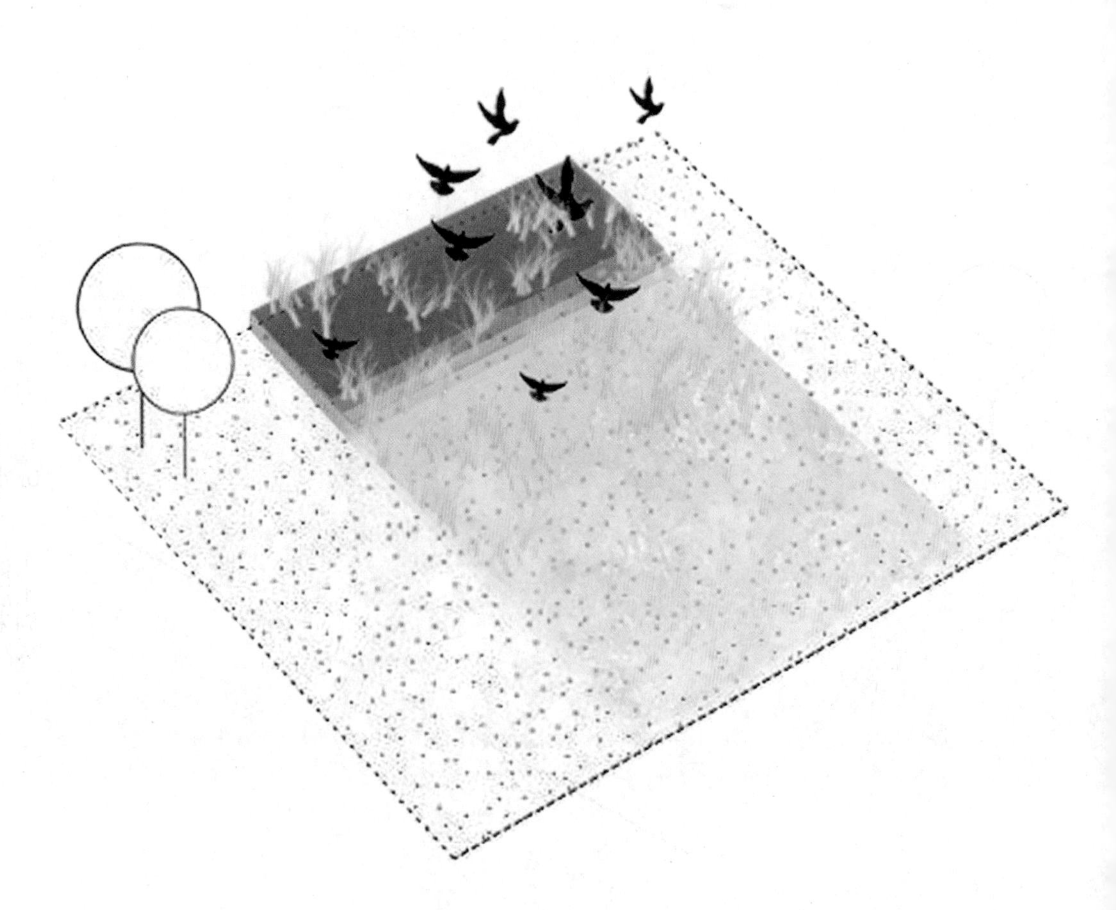

9. 林间漫步

整个工厂场地区域很宽阔，但也有许多小径穿插其中，现场的植物品种繁多，把乔木、灌木多的区域的小路周边区域进行优化种植，营造特色的林荫小路，游客可以体验更加生态的景区环境和移步异景的赏景氛围。

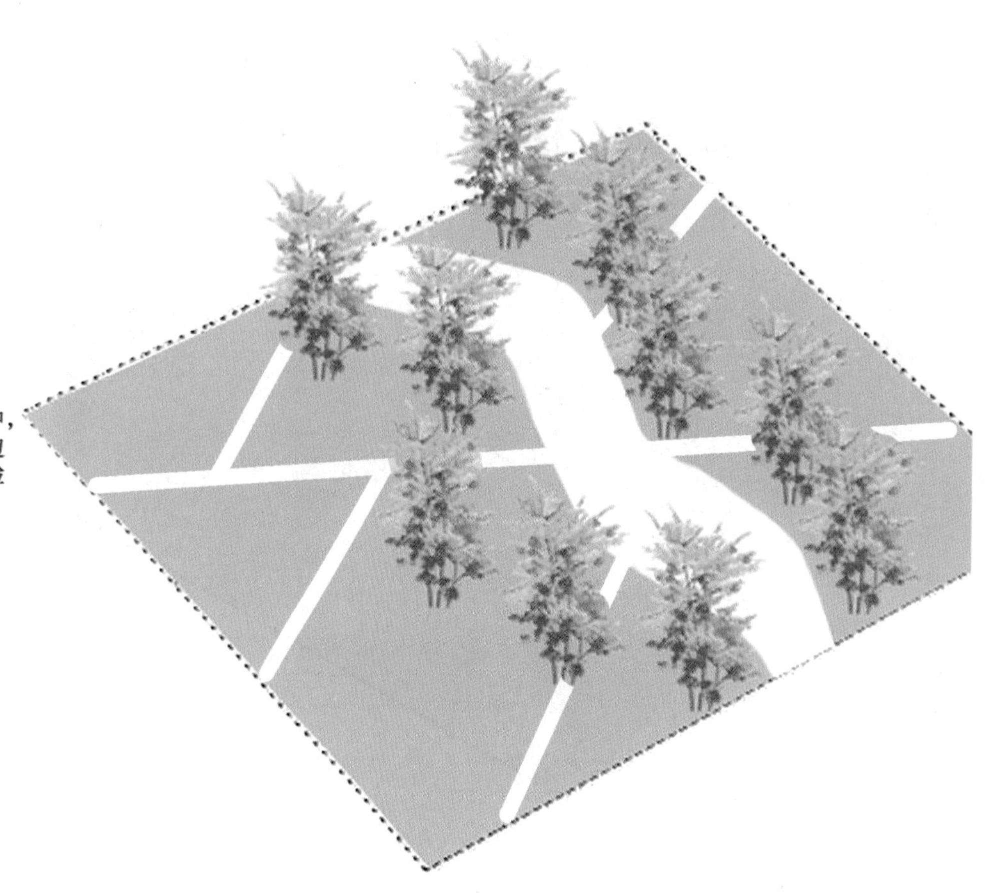

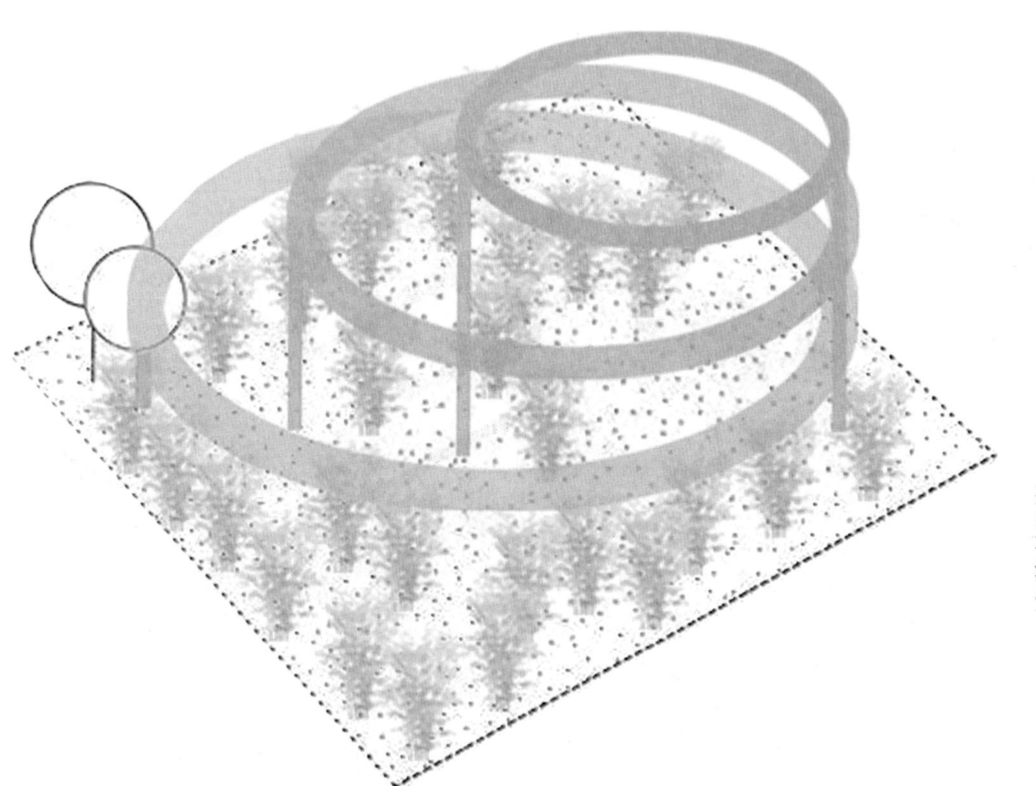

10. 空中观光缆车

考察过程中看到几乎所有的制作车间的附近都有类似缆车的轨道，据说，运送工具的轨道对工作效率的提升具有重要作用。当时所有人都认为这个设计很有意思，就把这个轨道贯穿在整个设计景点中。这样游客来游玩可以利用轨道来参观整个园区，也可以感受整个景区的独特氛围。

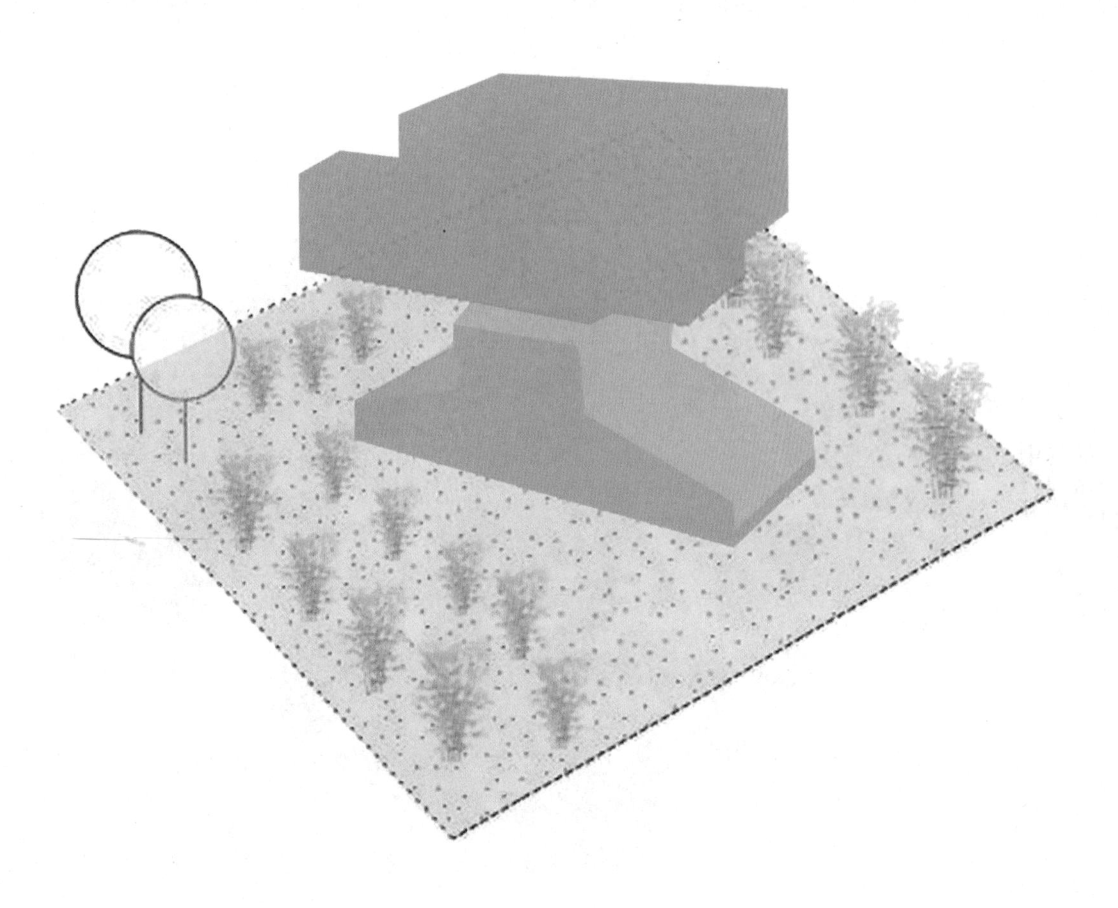

11. 特色矿机观景平台

工厂附近的山体部分区域被开采，导致裸露的山体影响区域的观景视觉质量，需利用裸露的场地建立观赏矿坑的平台，还单独打造矿机提供给游客体验与观赏。

12. 青年旅舍

青年旅舍在景区的普及率较高，此区域是一个科普体验生活的景观区域，根据科普这一需求设置青年旅舍，吸引青少年前来游玩和学习。

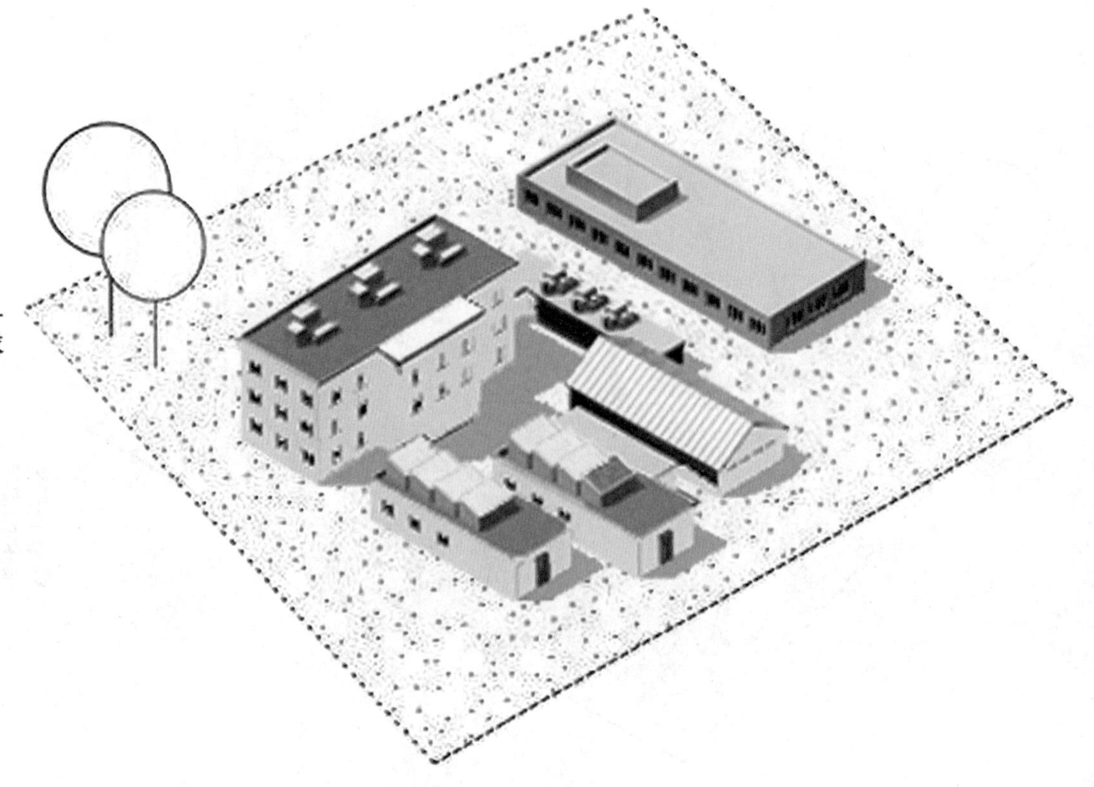

13. 户外扩展训练

景观区域设置了户外景观的娱乐设施，可以满足热爱激情和刺激的青少年游玩。附有高难度的户外体验，激发生活热情。

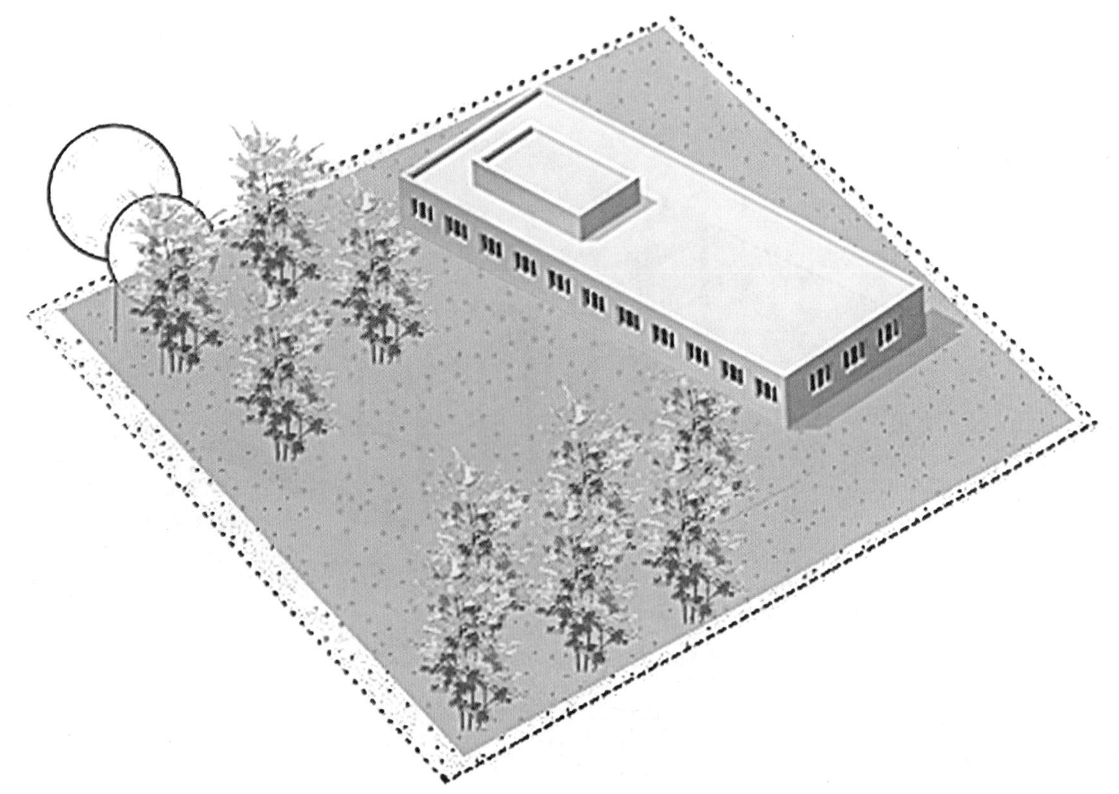

14. 休闲庄园

景区里面布置了各种类型的庄园，可以让游客体验到不同主题的庄园生活场景，原生的居住环境吸引城市游客的关注度，激发他们对农田生活的向往。

15. 滨河步道

景区以下巢湖为中心进行布局，通过这一宝贵的景观资源把湖面和工厂利用桥道进行连接，可以让游客们尽情享受湖面风光。

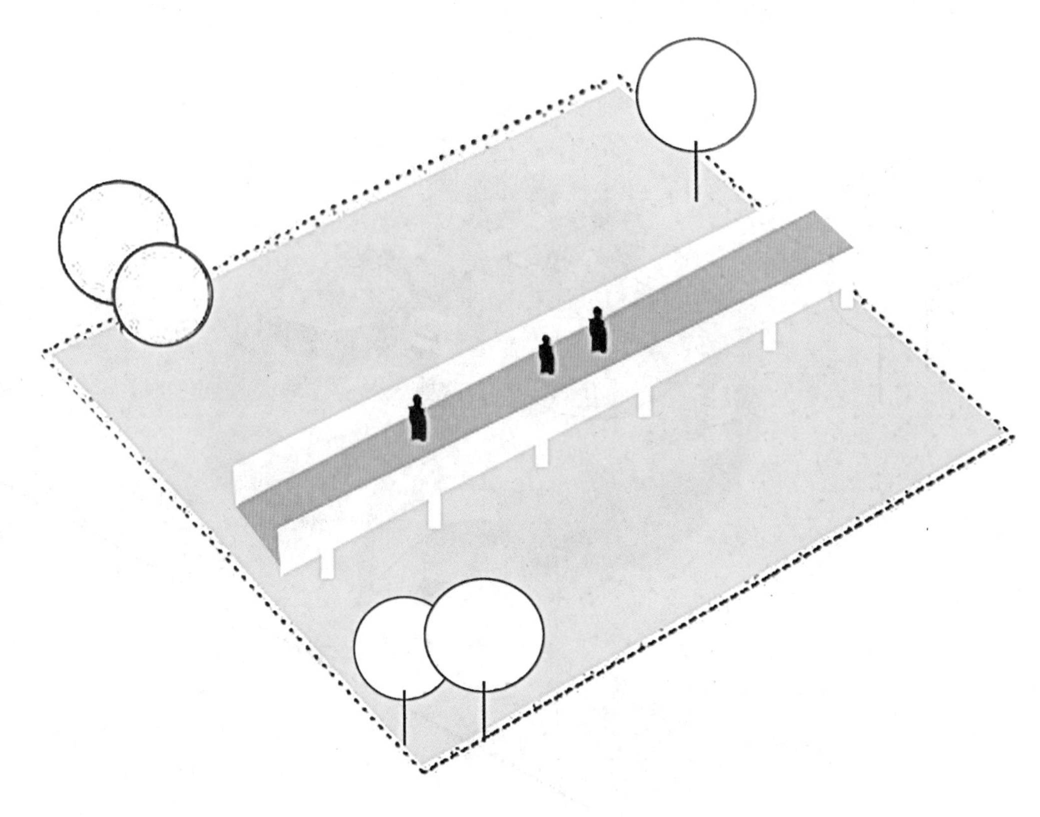

16. 船工业文化博物馆

积极利用场地内遗留的各类型厂房，重新梳理本土文化的重要语汇并运用于建筑改造中，工业文化博物馆既是地域文化展示的重要载体，也是船厂南部区域的“地脉之核”，博物馆的建设为游客更加深入、全面体验场地精神具有重要的支撑作用。

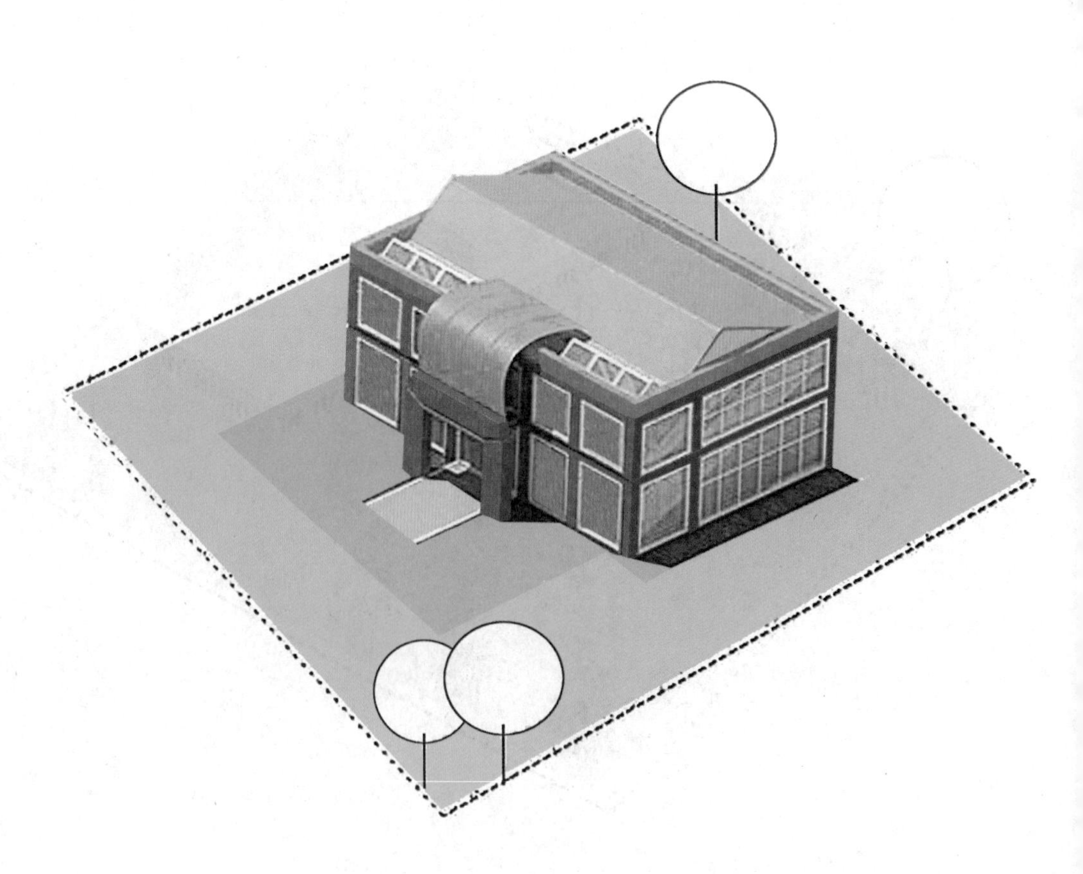

十、标志设计

设计说明

瑞昌拥有3300年的青铜文化，标志的主体形态以青铜元素为构型基础，6214是船厂原来的重要代码，设计将其巧妙融合于形体之中；工业齿轮是江州船厂运转的动脉系统，以此作为标志右半部分的形体塑造；标志左半部分利用青铜蟠螭纹构成船的形态，突显场所特征；铜色与红色的融合与过渡集中展现了工业文化的典型属性。

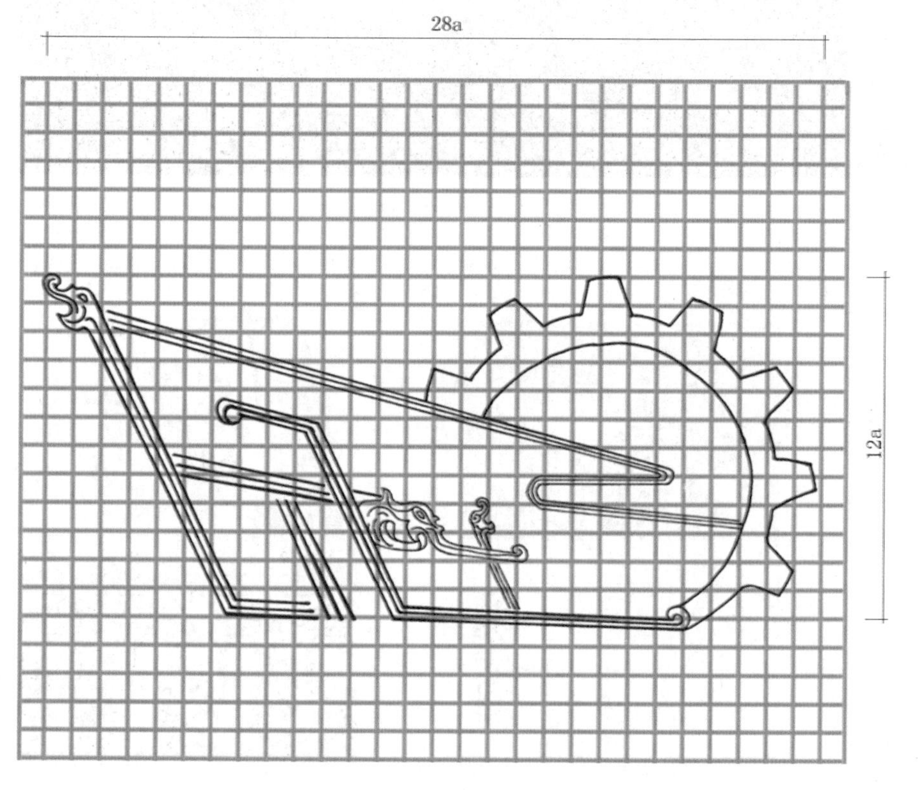

标准色	辅助色
C : 10	C : 18 M : 72 Y : 61 K : 0
M : 82	C : 28 M : 53 Y : 43 K : 0
Y : 75	C : 41 M : 73 Y : 100 K : 4
K : 0	C : 34 M : 27 Y : 25 K : 0

1. 设计元素

青铜故里

江州造船

剪纸之乡

工业齿轮

2. 标志黑白稿、反白效果

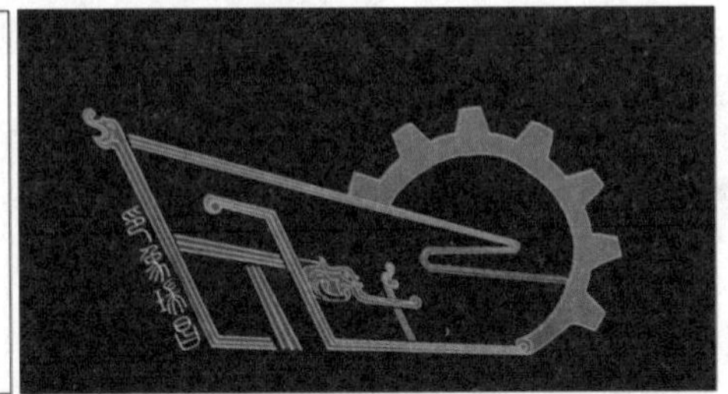

标准字字体

江州浦

江州浦

8cm 江州浦

24cm

印刷字字体

—— 幼圆

江州浦-------华文新魏

英文标准字体

JZ REVERSIDE-----Century Gothic

3. 辅助标志

中文：创意简细圆
英文：黑体

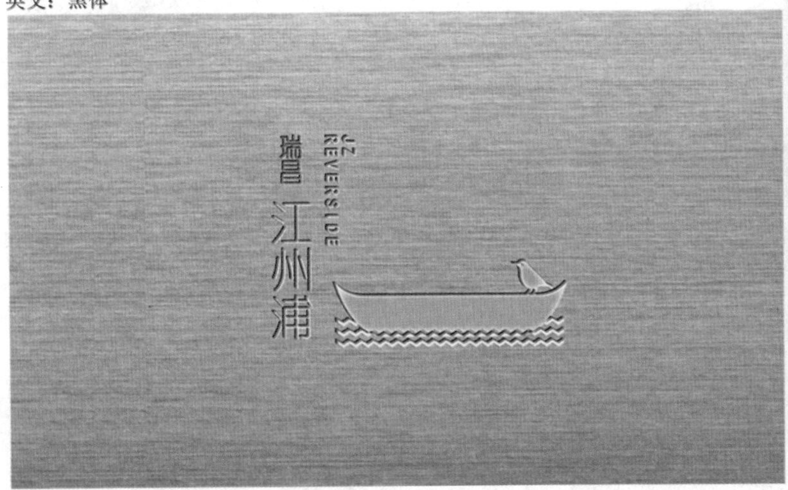

中文：华文新魏
英文：黑体

十一、花纹设计

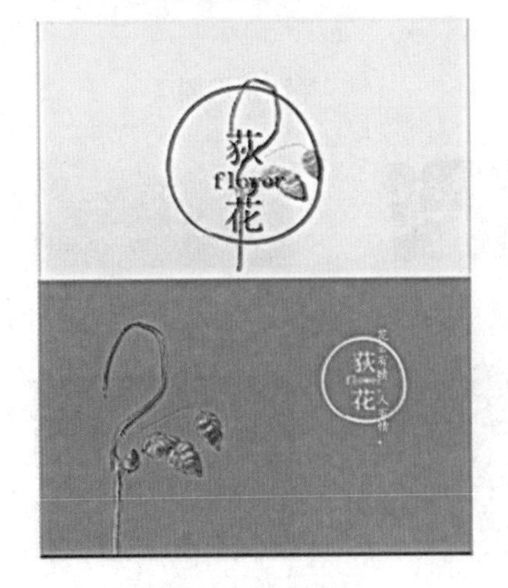

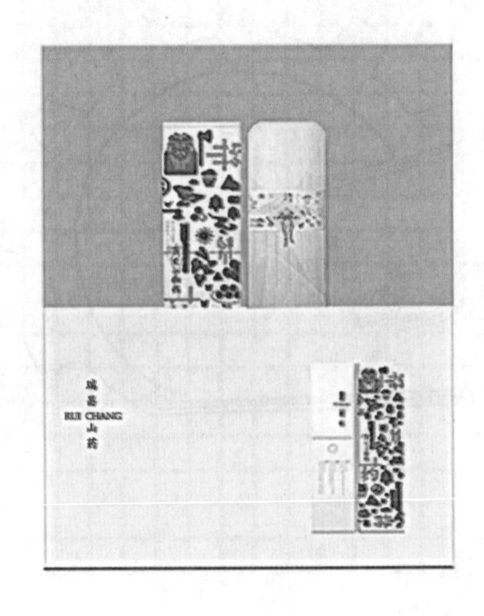

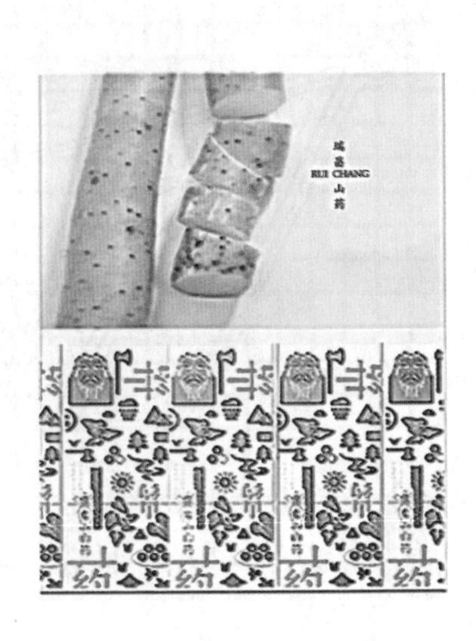

十二、导视系统设计

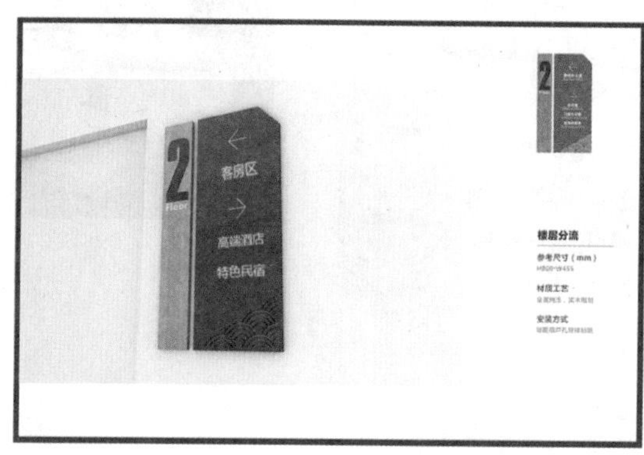

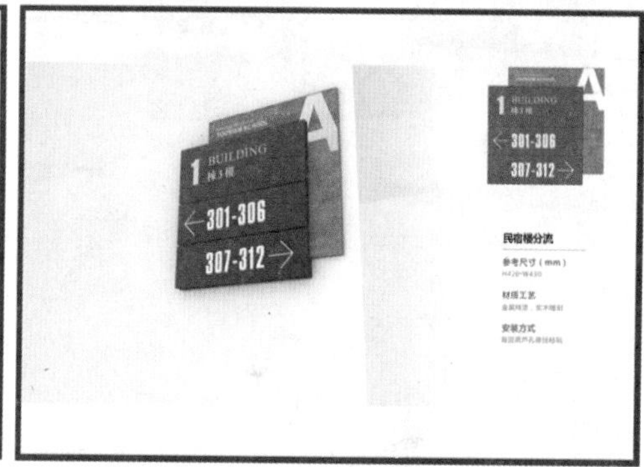

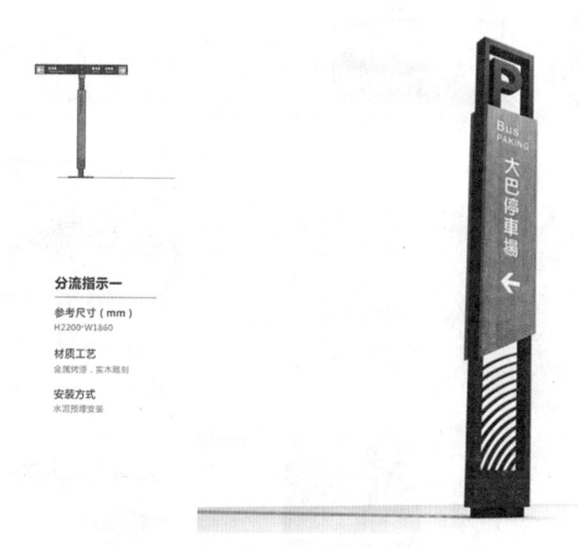

分流指示一

参考尺寸（mm）
H2200·W1860

材质工艺
金属烤漆，实木雕刻

安装方式
水泥预埋安装

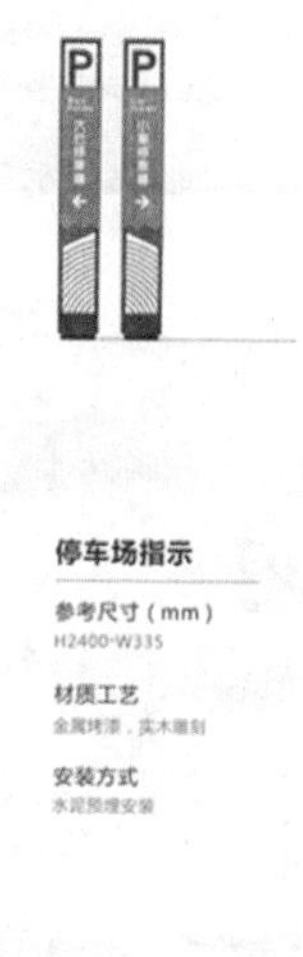

停车场指示

参考尺寸（mm）
H2400·W335

材质工艺
金属烤漆，实木雕刻

安装方式
水泥预埋安装

十三、文创产品应用

1. 名片

2. 文化衫

3. 手提购物袋

4. 特色产品包装

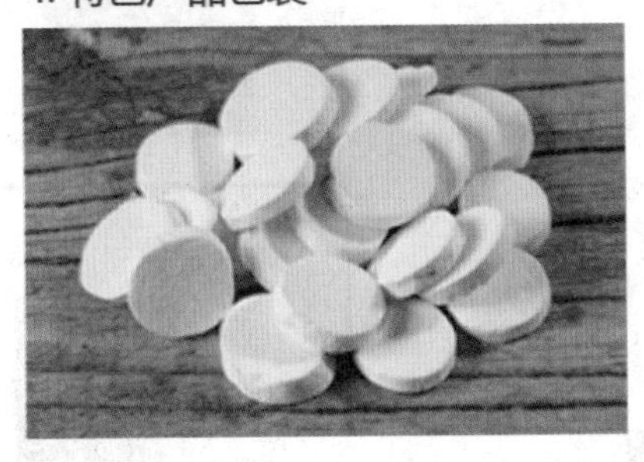

5. 信封、卡片

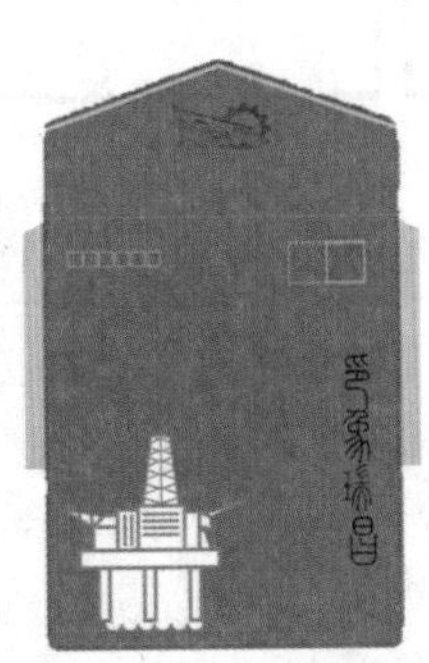

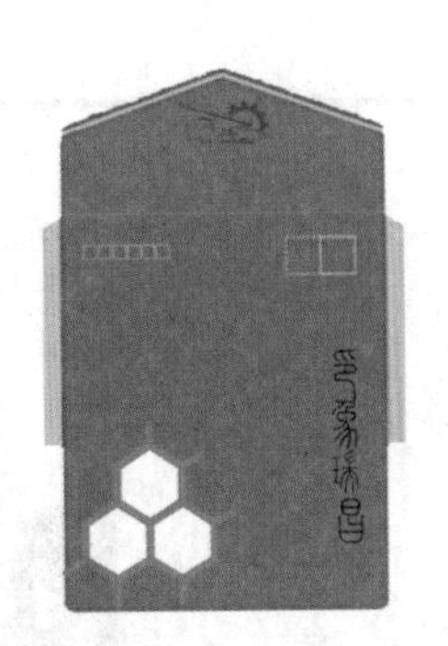

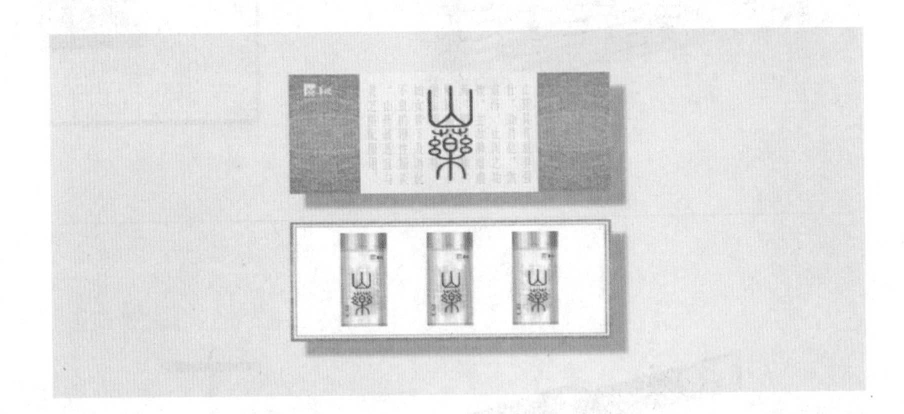

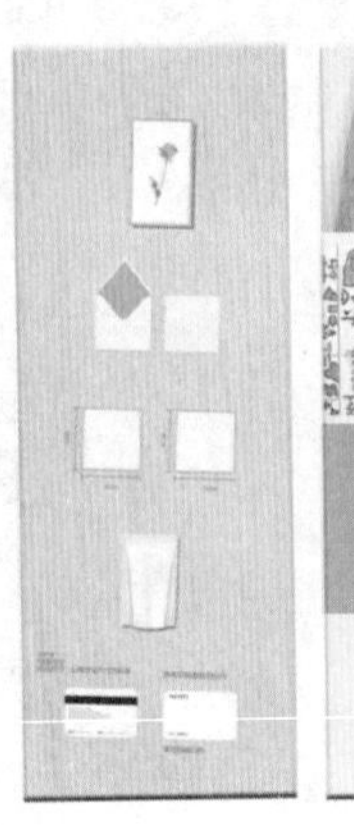

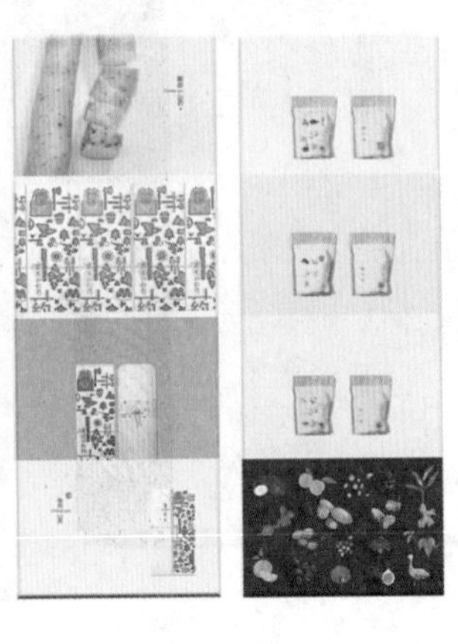

瑞昌山药：瑞昌的特产，又称薯蓣，味甘，性温平，蕴含十多种人体所需要的营养元素，乃冬令时节滋补养颜之保健佳品，男女老幼皆宜。其性可入脾、肺、肾三经，具有滋阴壮阳美容等功效，伴以鱼、肉烹制的菜肴，其色白、味鲜、爽嫩可口。常食之，可令人永保青春魅力，焕发生命光彩，实乃纯正天然绿色食品。

6. 纪念杯

十四、车身广告及候车亭设计

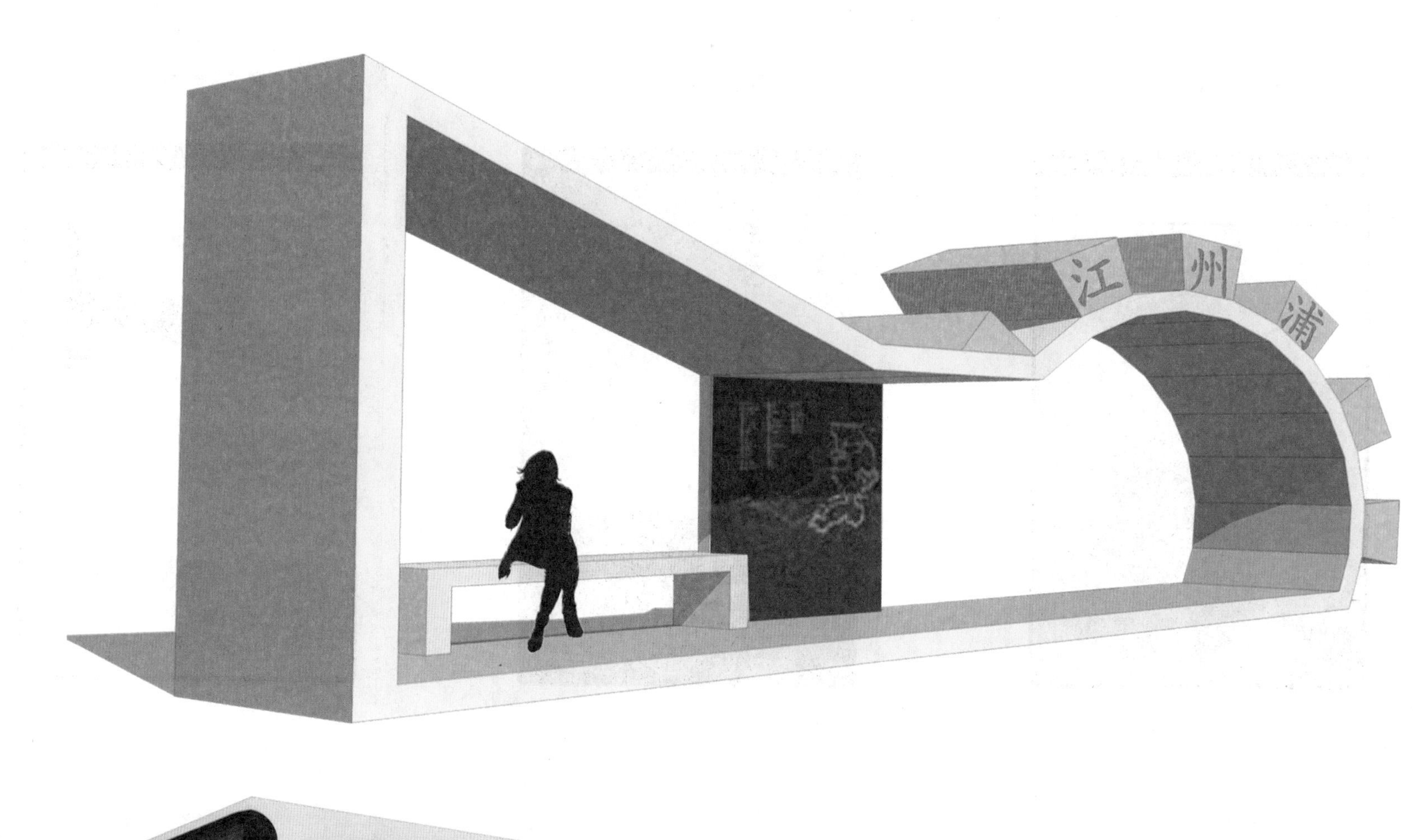

十五、手机界面设计及运用

NO.

方案二南部调研

第六部分 方案二南部调研

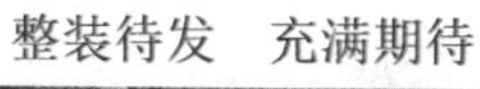

整装待发　充满期待

环庐山旅游休闲文化景观带
地脉重生
长江大桥
政府主导
市场运作
企业带动
社会参与
21世纪旅游
哇哦~ 风水宝地！！！
/04
NOV
07 : 50 PM

查阅资料　绘制地图

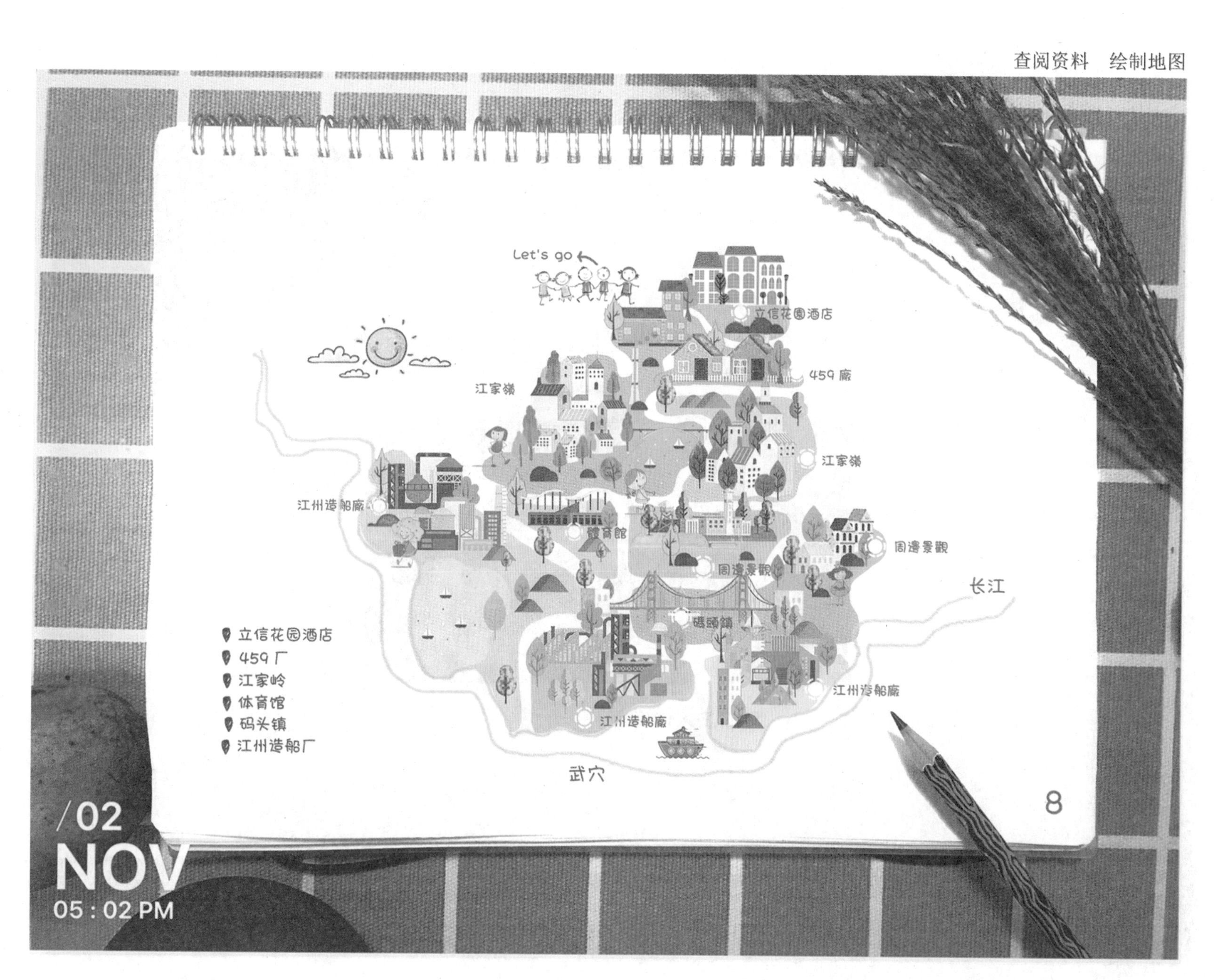

Let's go
立信花園酒店
459廠
江家嶺
江家嶺
江州造船廠
體育館
周邊景觀
周邊景觀
長江
碼頭鎮
江州造船廠
江州造船廠
立信花园酒店
459厂
江家岭
体育馆
码头镇
江州造船厂
武穴
8
/02
NOV
05 : 02 PM

花纹好美~
早期工人住宿区
/04
NOV
07 : 49 PM

脑洞
"厂房，工人！曾经如此引以为豪。可现在有一点破败。只需要一个小小的角落，就能让我们穿梭在时空里，了解一段段历史。"
/04
NOV
07 : 49 PM
小心得~
1. 459厂给了我们沧桑岁月的感动，那些留下来的工人和居民是最伟大的，他们深深热爱着459这片土地。
2. 天气很阴，比较冷，459感觉很大，很绕，容易迷路，但是街旁的红瓦房很是令人欣喜，复古美吧~
/04
NOV
07 : 50 PM
OCT 2017
203 車間的 LOVE
OCT 2017
3 OCT 2017
飄出香味的食堂
207 的小草
3 OCT 2017
類似放映機的東西
OCT 2017 人生安全最重要
青苔和水窪
3 OCT 2017
3 OCT 2017
/02
NOV
05 : 07 PM

207厂房
PASSED
/04
NOV
07 : 50 PM
PASSED
船厂节点~
/04
NOV
07 : 50 PM
PASSED
·江州造船厂
/04
NOV
07 : 50 PM

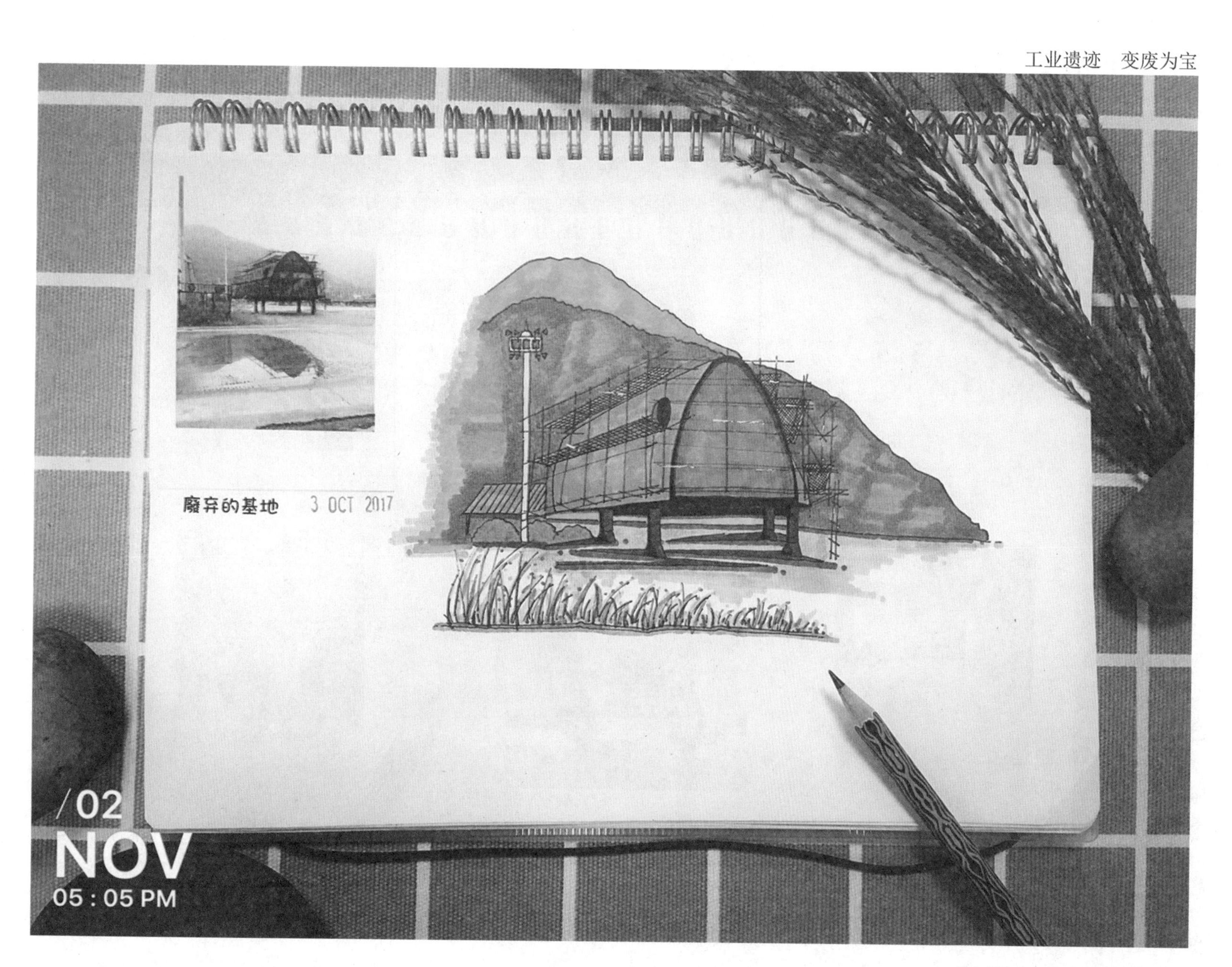
废弃的基地　3 OCT 2017
/02
NOV
05 : 05 PM

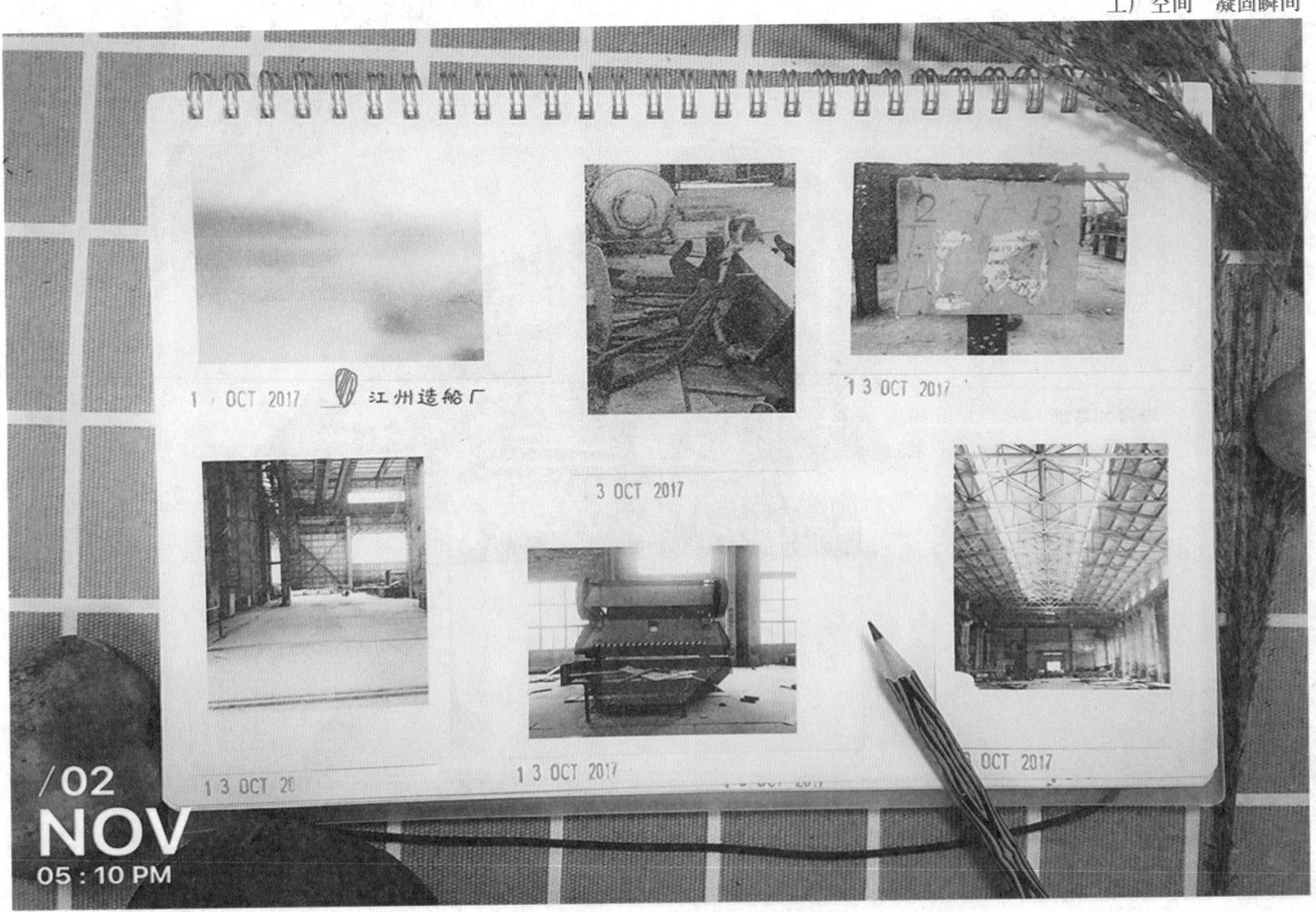
1 OCT 2017
江州造船厂
1 3 OCT 2017
3 OCT 2017
1 3 OCT 20
1 3 OCT 2017
3 OCT 2017
/02
NOV
05 : 10 PM

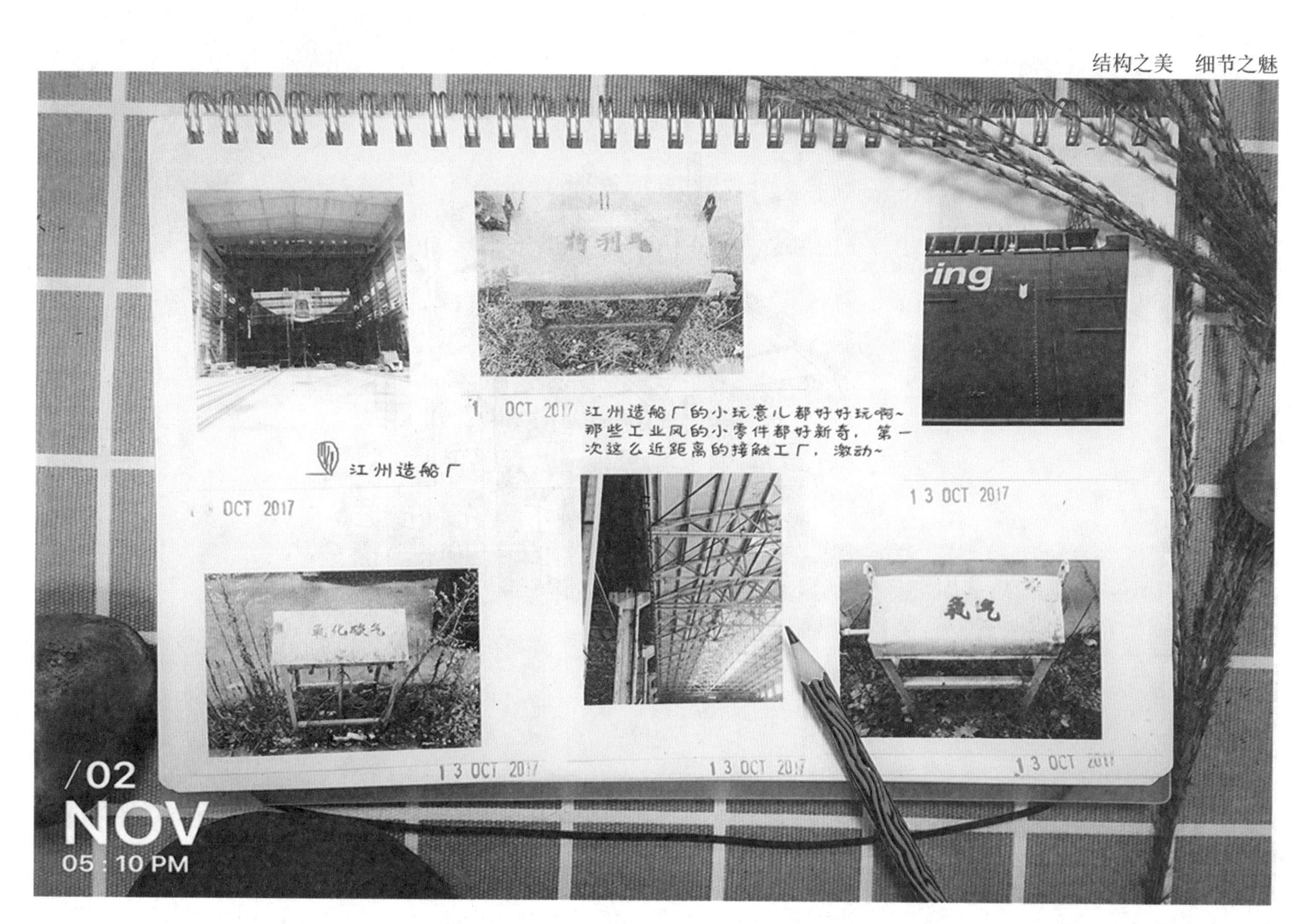
江州造船厂的小玩意儿都好好玩啊~
那些工业风的小零件都好新奇，第一
次这么近距离的接触工厂，激动~
江州造船厂
OCT 2017
1 OCT 2017
13 OCT 2017
ring
氧气
13 OCT 2017
13 OCT 2017
13 OCT 2017
/02
NOV
05 : 10 PM

工厂车间内的结构构造看起来很牢固，顶部那个线型槽是一个运送零件的轨道，几乎每个车间都有一个这样的零件配送轨道。

X-man
OCT 2017
/02
NOV
05 : 04 PM

钢铁勇士　力大无穷

NO.
南部环境
方案二改造设计

第七部分 方案二南部环境改造设计

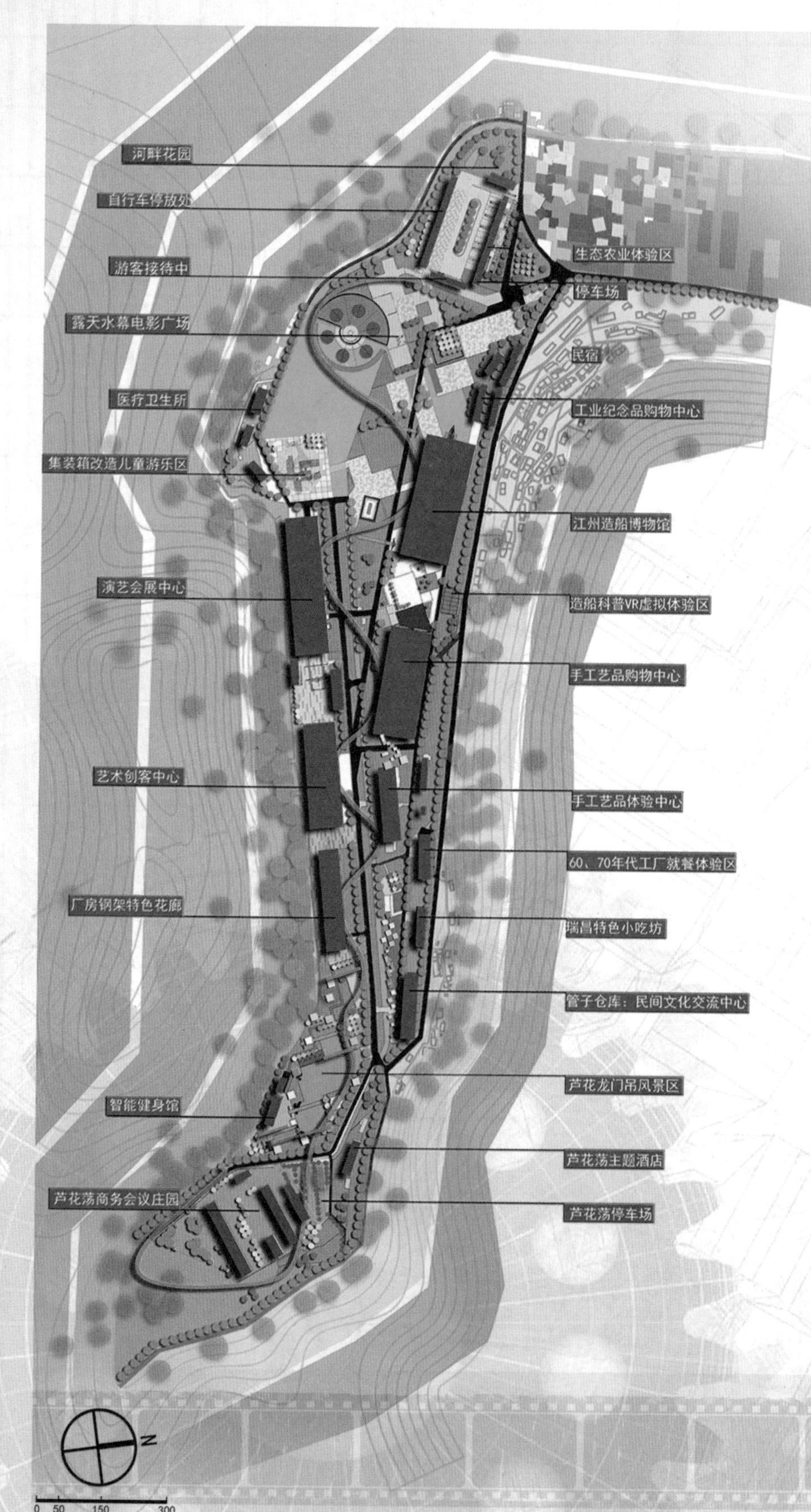

一、项目概况

江州智能生态谷地创意园区占地约600亩，面积约占整个江州造船厂的六分之一，由三个部分组成：约425亩的南部船体组装零件生产区、约80亩的居民住宅区和约95亩的农田。园区内水域面积约12%，绿化面积约50%，建筑面积占地约25%，其他约13%。根据场地空间和土地本身的属性，将园区划分为八个不同职能的区域。在设计中，尽量保持厂房结构基本不变，场地内大型乔木保留，采用当地本土植物进行合理搭配和植栽，不改变原场地主要道路。在景观艺术小品设计方面，就地取材，营造具有船厂特色的景观设计。建设内容包括河流、浅水湖、草坪、芦苇荡湿地、田间景观、景观廊道等。现厂区已经停止生产，周围居住区有部分老人和小孩留守，部分农田区域现为工业占地，主要用作钢材堆放。

二、设计理念

该创意园区地理位置距离瑞昌主城区较远，地处湖北与江西的交界处，虽交通条件较好，但场地周边山体较多。从经济条件上看，瑞昌为三线的小城市，经济条件相对落后，外出务工人数较多。该创意园区的建设将涉及周边乡镇的发展，能有效促进精准扶贫问题，加大本地外出务工青年回乡创业的积极性。南部船厂生产基地改造为旅游创意园区，需要遵循以下三个原则：

1. 最小干预

该厂区虽已停止生产，但工业遗迹保存完好，现存建筑坚固，建筑风貌相对统一，周边环境植物群落体系基本完好，但由于疏于管理，植被配置无序、视觉质量低下。因此，采取最小干预原则是有效尊重场地原始性、保留场地浓厚工业气息的重要策略之一。

2. 生态恢复

该园区的生态修复主要着眼于厂区中部的河道和厂区背面山体滑坡的治理。工业污水主要由河道排出，导致水源和土壤都遭受严重污染，厂区环境与周边居民生活的矛盾日益突出。基于此，采取人工造湖策略，在河道中部营造三个小型的人工湖，构建水生生物群落，丰富动植物种群，以生物净化的方式分解、吸收、过滤河道的污染。场地周围由于采石工业的影响，山体破坏严重，极易发生泥石流、山体滑坡等灾害，为了加强环境安全，将加大森林植被的种植，建设防护林。

3. 智能 + 文创

随着科技的迅猛发展，智能手机、智能机器人等智能产品已深入人们生活的各个方面，文化创意可以通过智能APP让更多的人了解其在社会经济发展中的重要贡献，为游客提供更多的智能服务，提供更富创意的文化智慧之旅。

三、景观叙事理念

1. 像素碎片记忆

谷地深处的寂静是红色的碎屑，厂区暗淡的尘埃是灰色的云雾。红色砖墙、钢架结构的高大厂房和正在被自然所侵蚀、满地堆放的钢材，在芦苇荡里飘摇飘摇……呼唤，将像素对准工业锈土地，让工业占地回归农田，让芦苇成为工业的记忆景观，让厂房去承载工业文明与历史遗迹、创客梦想与地方民俗。以厂为舟，以芦为水，顺水推舟，让锈土地重归生命，让生命重归和谐。

2. 胶片红色故事

这是一条有故事的电影胶片，记录着江州故事、瑞昌历史，它是贯穿整个南部厂区的水上栈道，让记忆里的故事再次重现于人们视野中。游人可以骑着自行车畅游谷地，谈笑风生，欢声笑语不断回荡……谷地的鸣歌将再次响起。

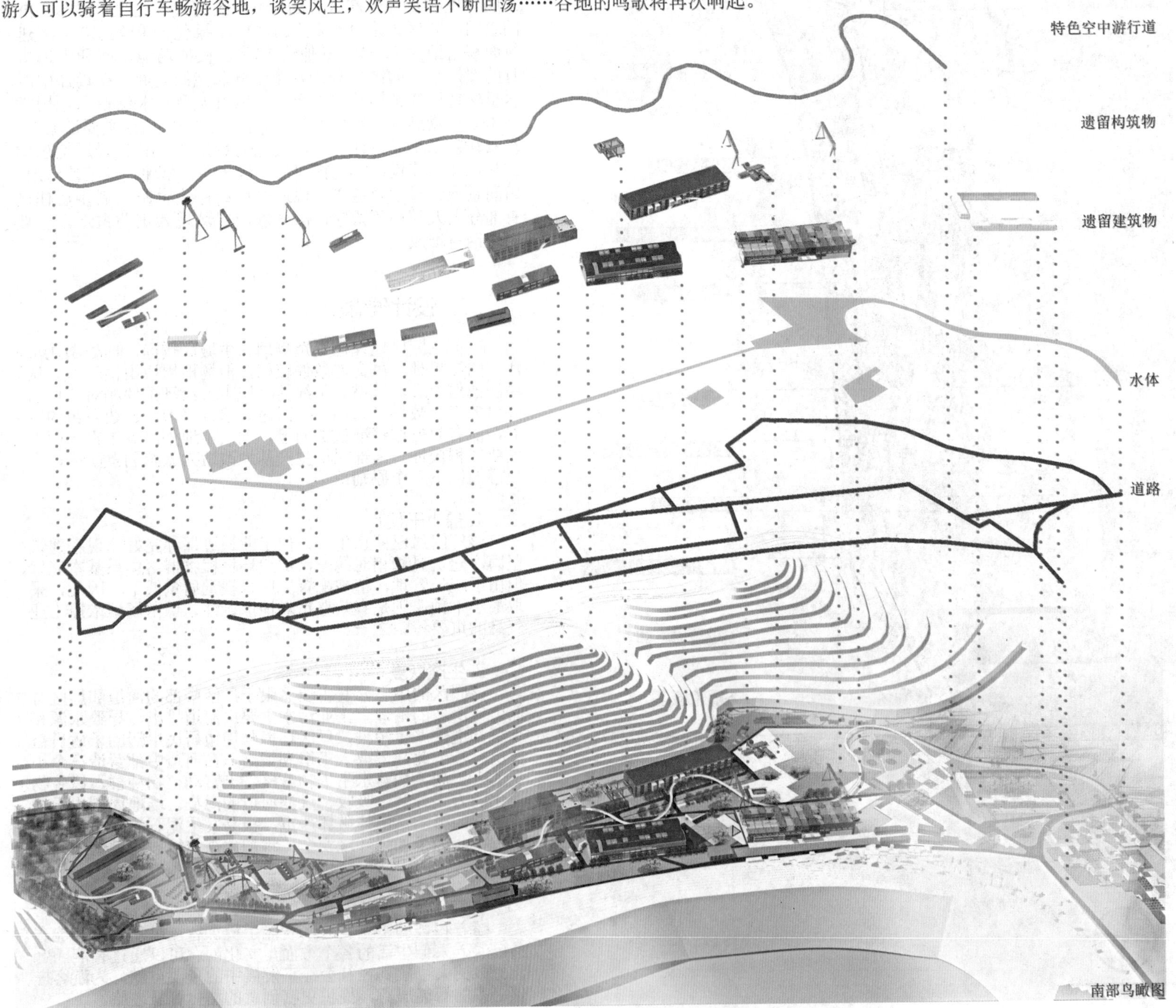

南部鸟瞰图

四、江州造船厂南部主要功能

1.造船工业博物馆

船模展区
造船科普区
历史文化区
船3D打印区
造船VR体验区
船主题娱乐休憩区
船文化产品
船设计展示区
船产品零售区

2.现代设计工作室

工业造型设计工作室
信息中心
广告媒体艺术
音乐与表演艺术

3.民间艺术家中心

青铜艺术工作室
剪纸艺术
绘画艺术
竹编艺术
展览馆
交流院馆

4.现代艺术中心

艺术家工作室
艺术收藏馆
艺术沙龙
露天展览场地
时尚服装发布会

5.生态公园

休闲娱乐场所
锻炼健身场所
动物栖息地
亲近自然
亲子活动
游园活动
科普教育

6.居住区

回乡创业住宅
当地居民住宅
艺术家和设计师住宅
游客民宿

7.服务设施

公交车站
健身中心
超市
集会广场
青年旅社和汽车旅馆
主题就餐区
VR虚拟现实体验
书吧、咖啡厅
室外篮球，网球场
露天电影播放区
自行车观光道
旅游服务中心
科普教育
生态体验
农业体验

五、南部场地分析

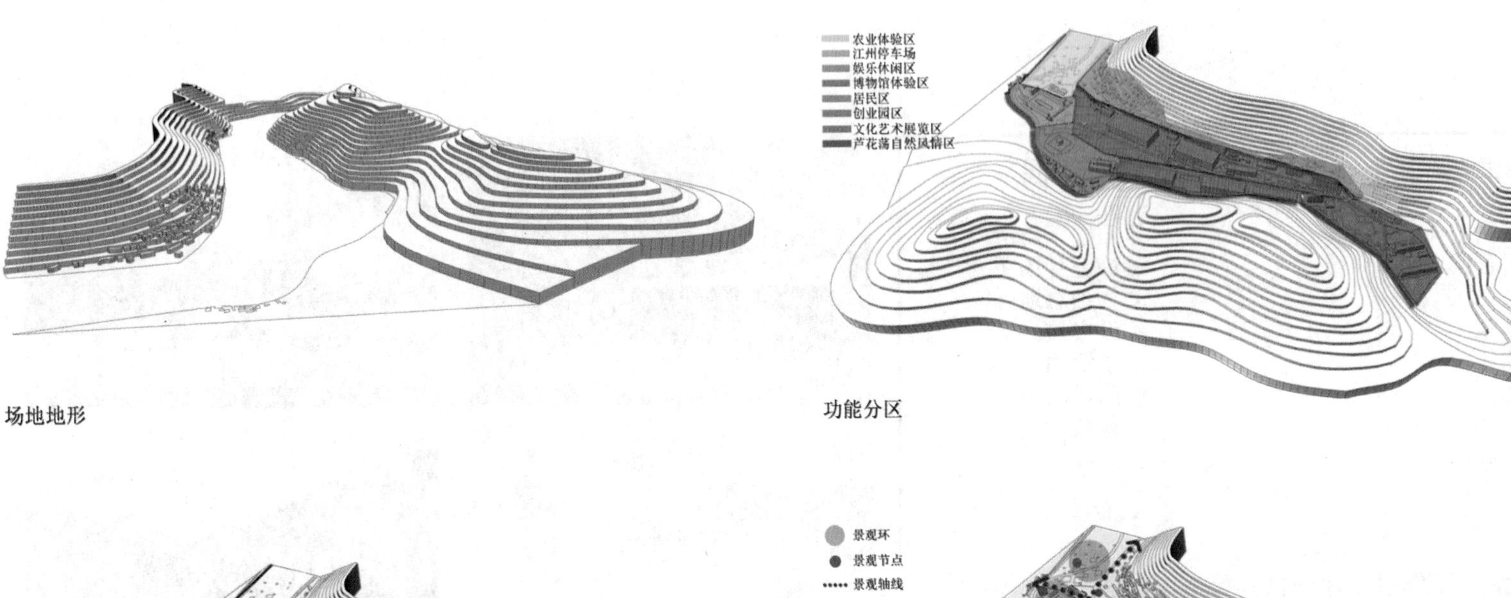

场地地形　　功能分区

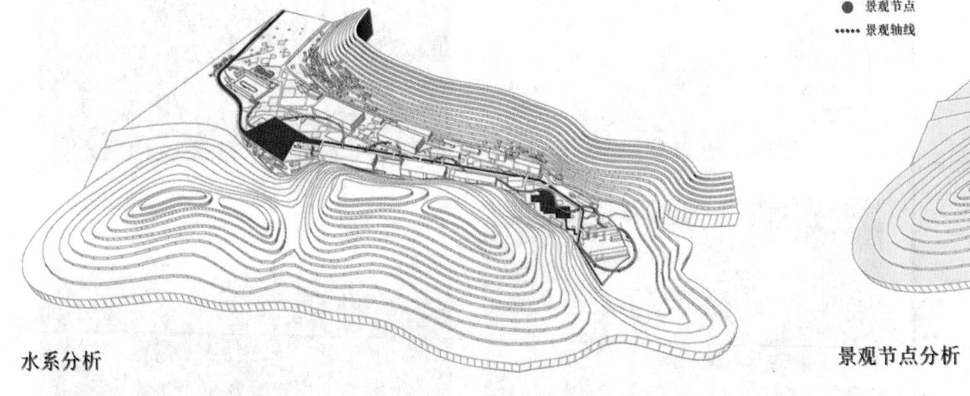

水系分析

景观节点分析

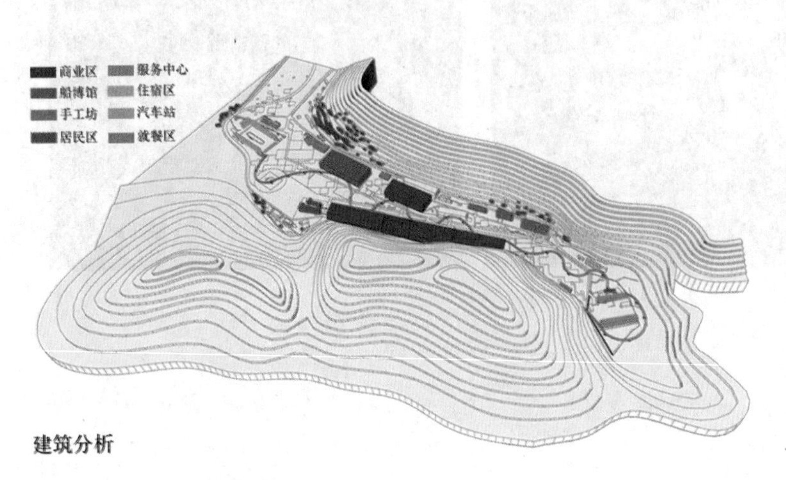

建筑分析

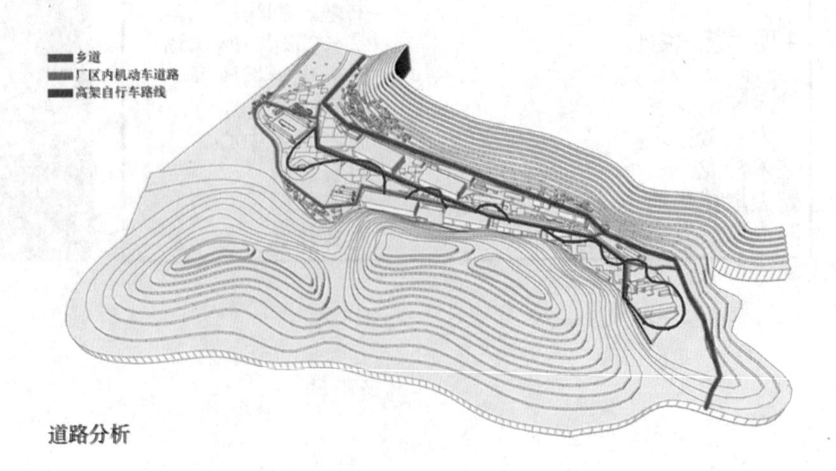

道路分析

六、207厂厂房改造设

1. 207厂厂房原始场景现状

207厂厂房

206厂厂房

203厂厂房

201厂厂房

外部

外部立面材料　红砖+混凝土+龙门吊　红砖+混凝土　红砖　红砖

内部

内部改造元素　胎架+巨型立柱　胎架+错层空间　胎架+滑动门架　辊式传送带+钢板

2. 207厂厂房原始结构分析

改造的207车间主要由三部分构成：墙面、钢梁柱、构架

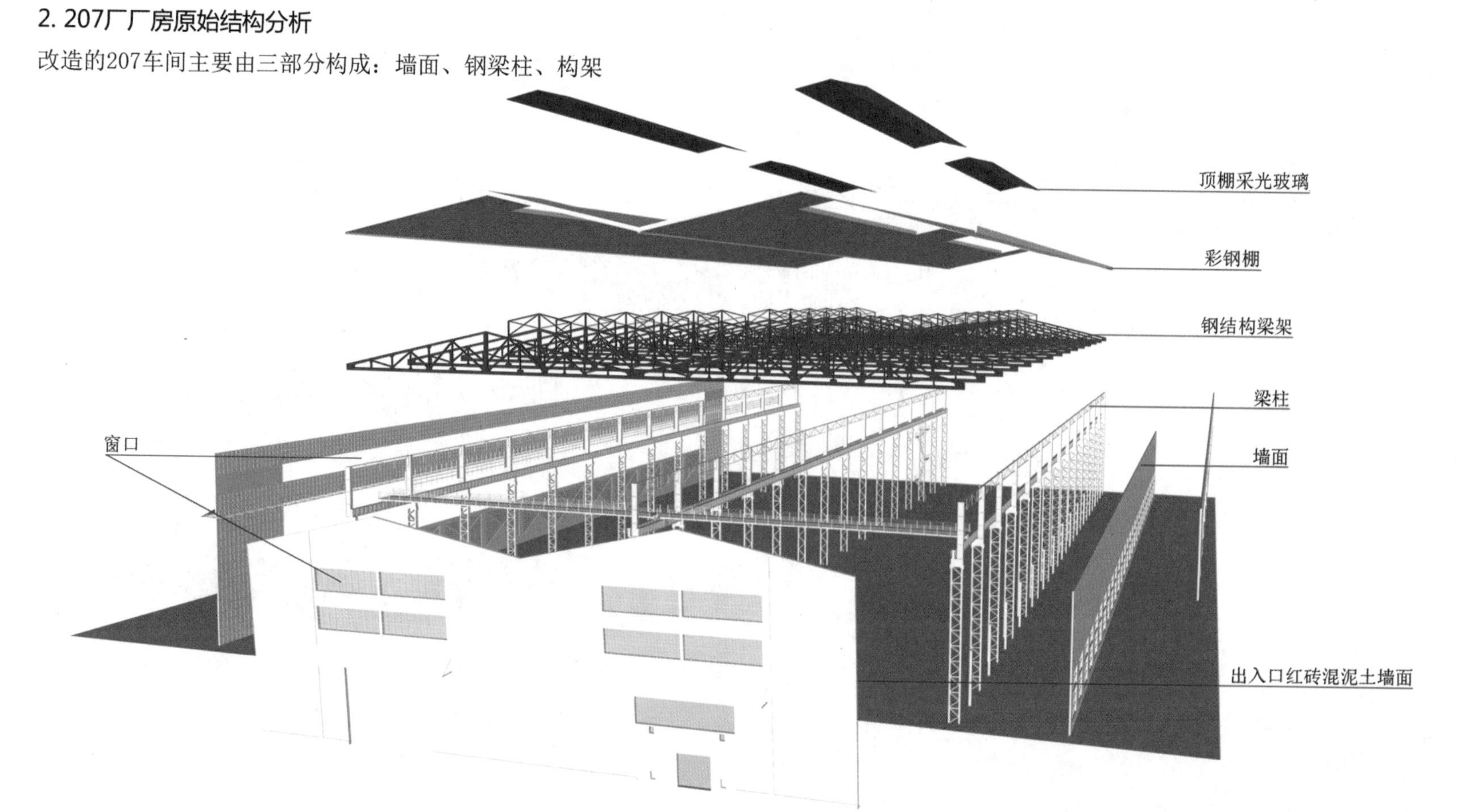

3. 207厂厂房原始建筑光照通风分析

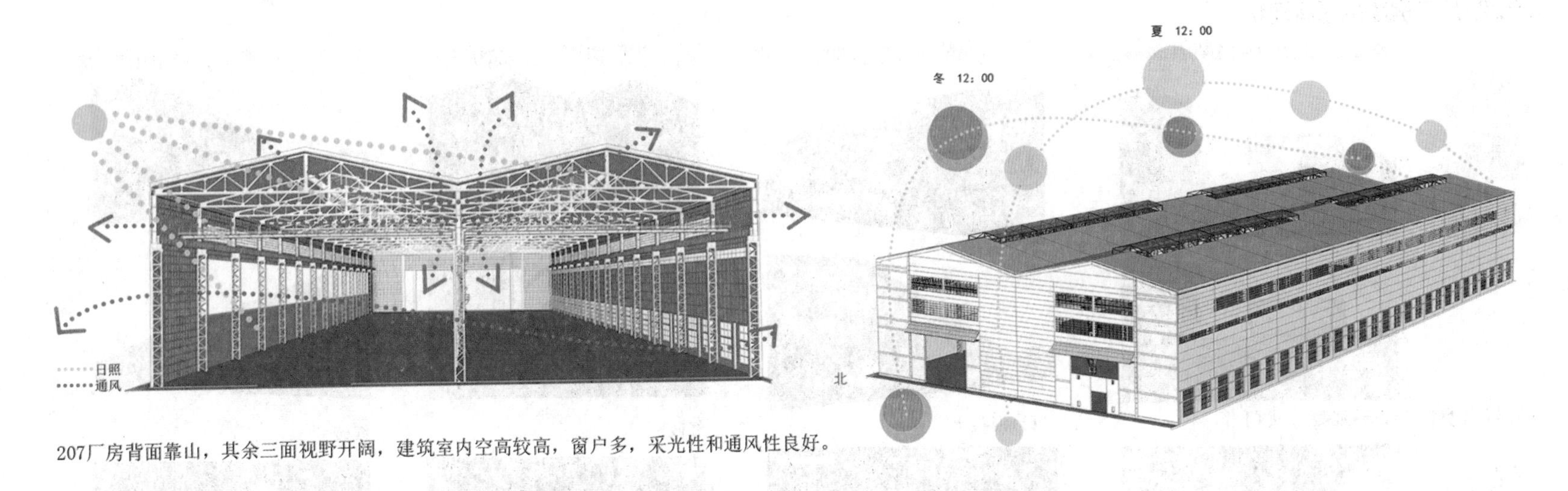

207厂房背面靠山，其余三面视野开阔，建筑室内空高较高，窗户多，采光性和通风性良好。

4. 207厂厂房建筑鸟瞰图

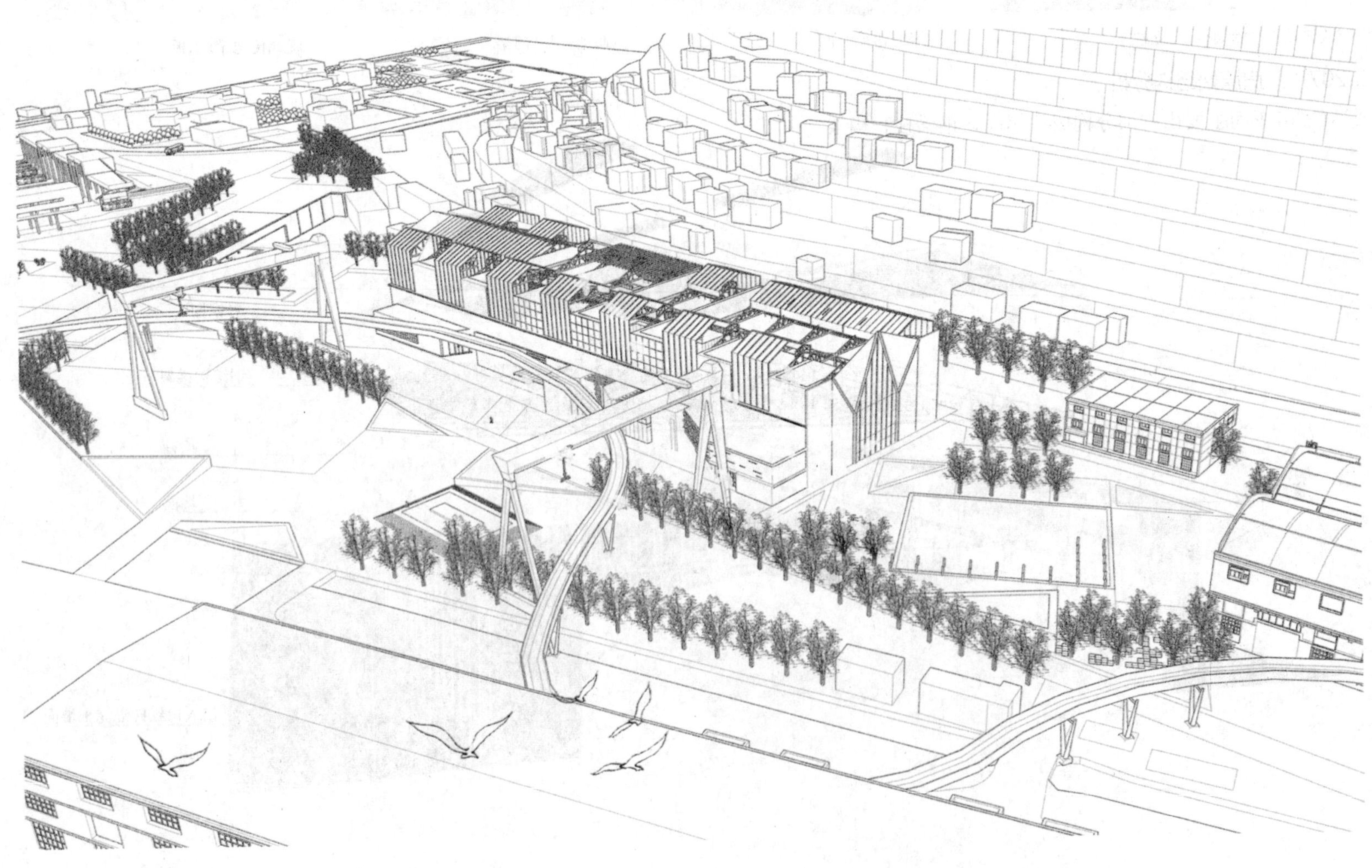

5. 207厂厂房改造策略

工业建筑的空间相对较大，定位以展示、陈列为主的综合性建筑，建筑室内空高30m、长180m、宽75m。可打造多元化的空间体验，空间错落有致，不分具体楼层，空间高矮根据占地面积决定。小型空间用于厕所、休憩、体验、小型物件展览；中型空间用于较大的造船机械，小型船模展出，造船工业科普教育；大型空间分别位于207厂房的前后两端，空间通透无遮挡，主要用于实体船舶的陈列和公共活动大厅。

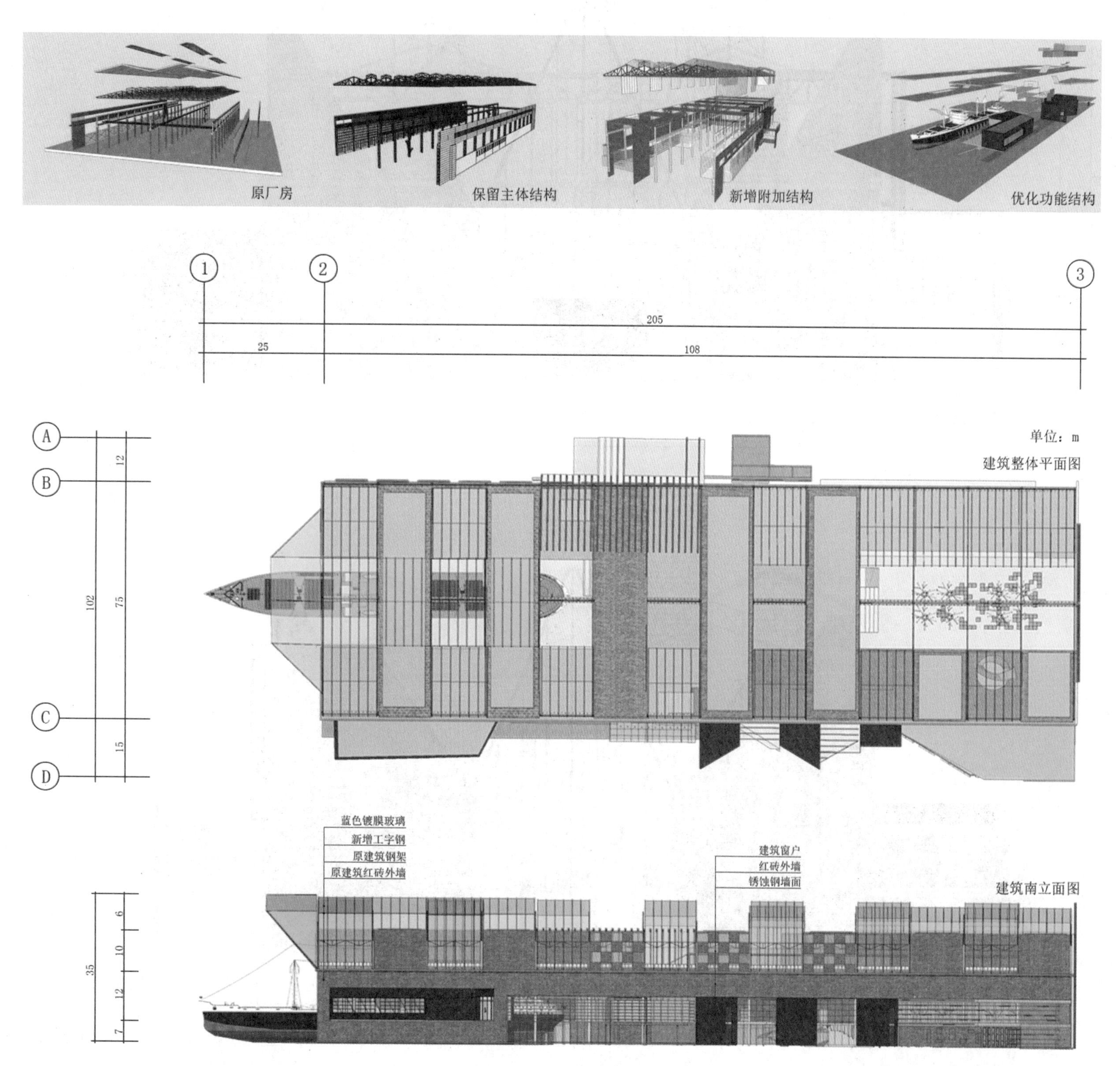

6. 207厂厂房建筑改造立面图

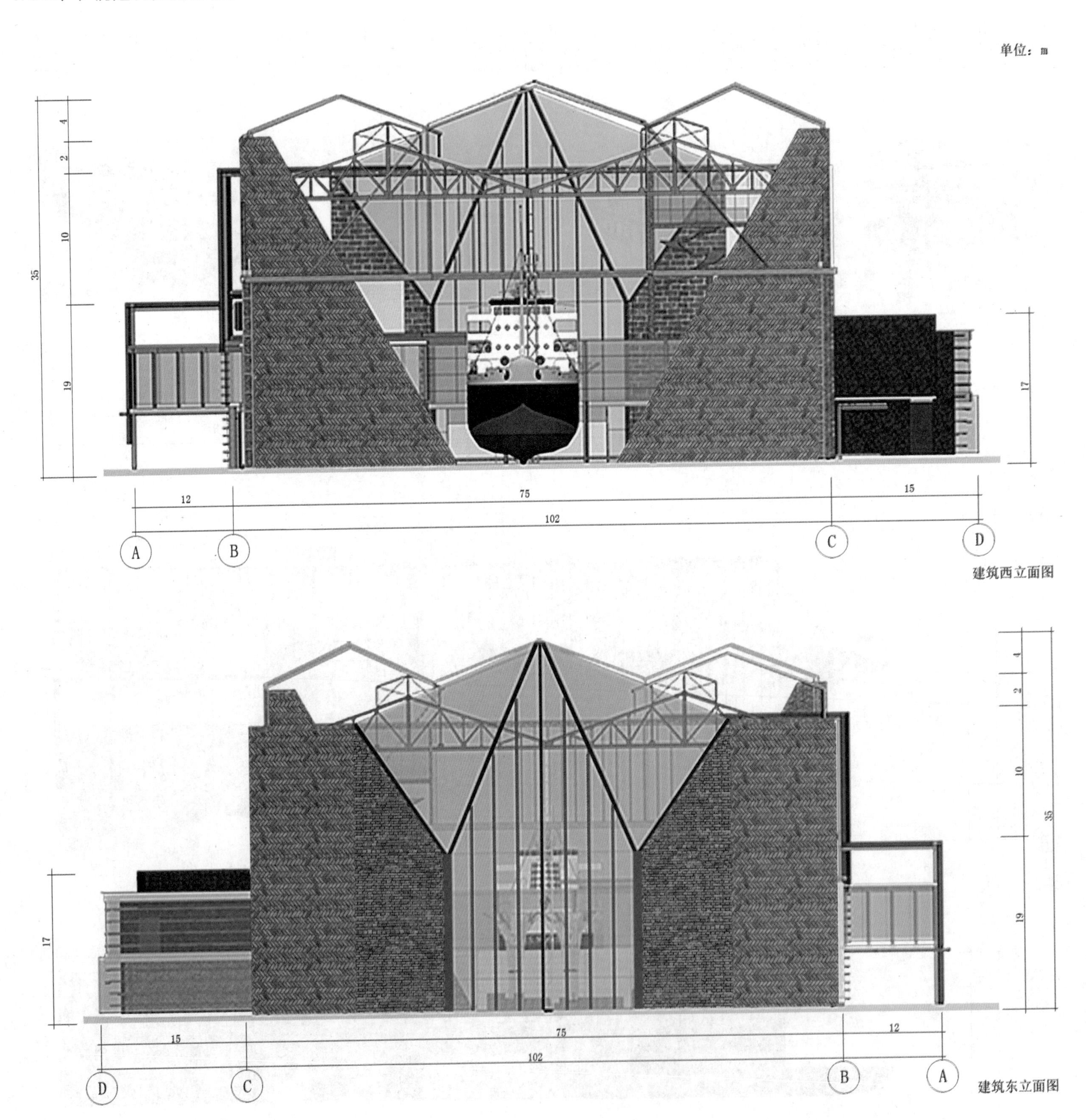

7. 建筑结构爆炸图

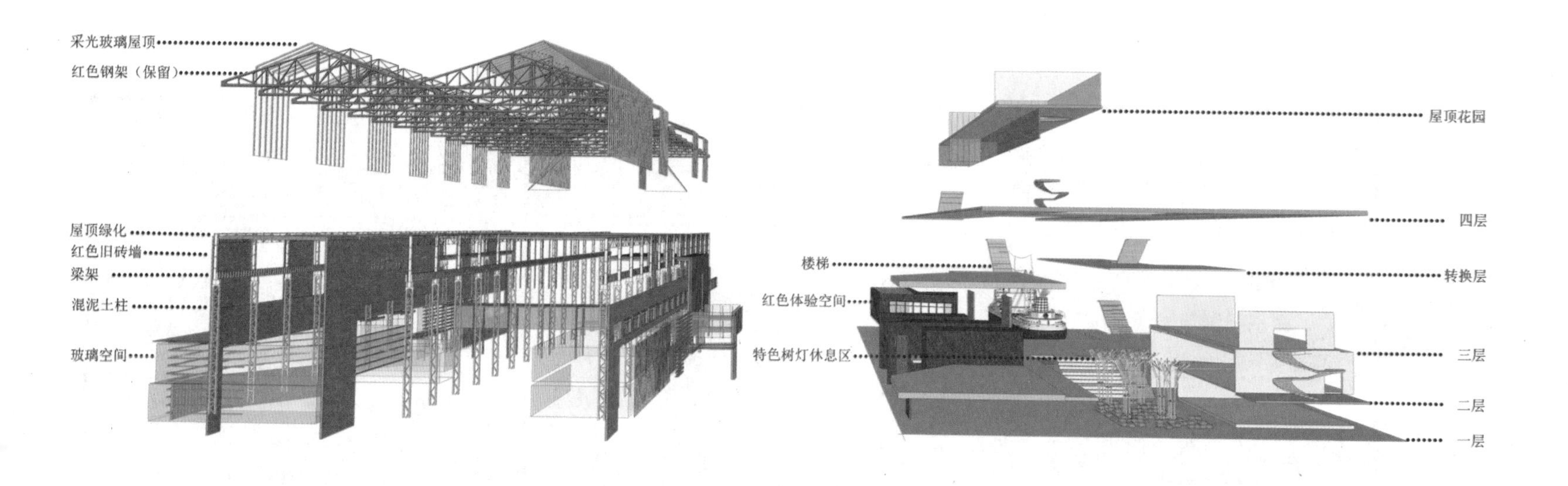

8. 建筑剖视图

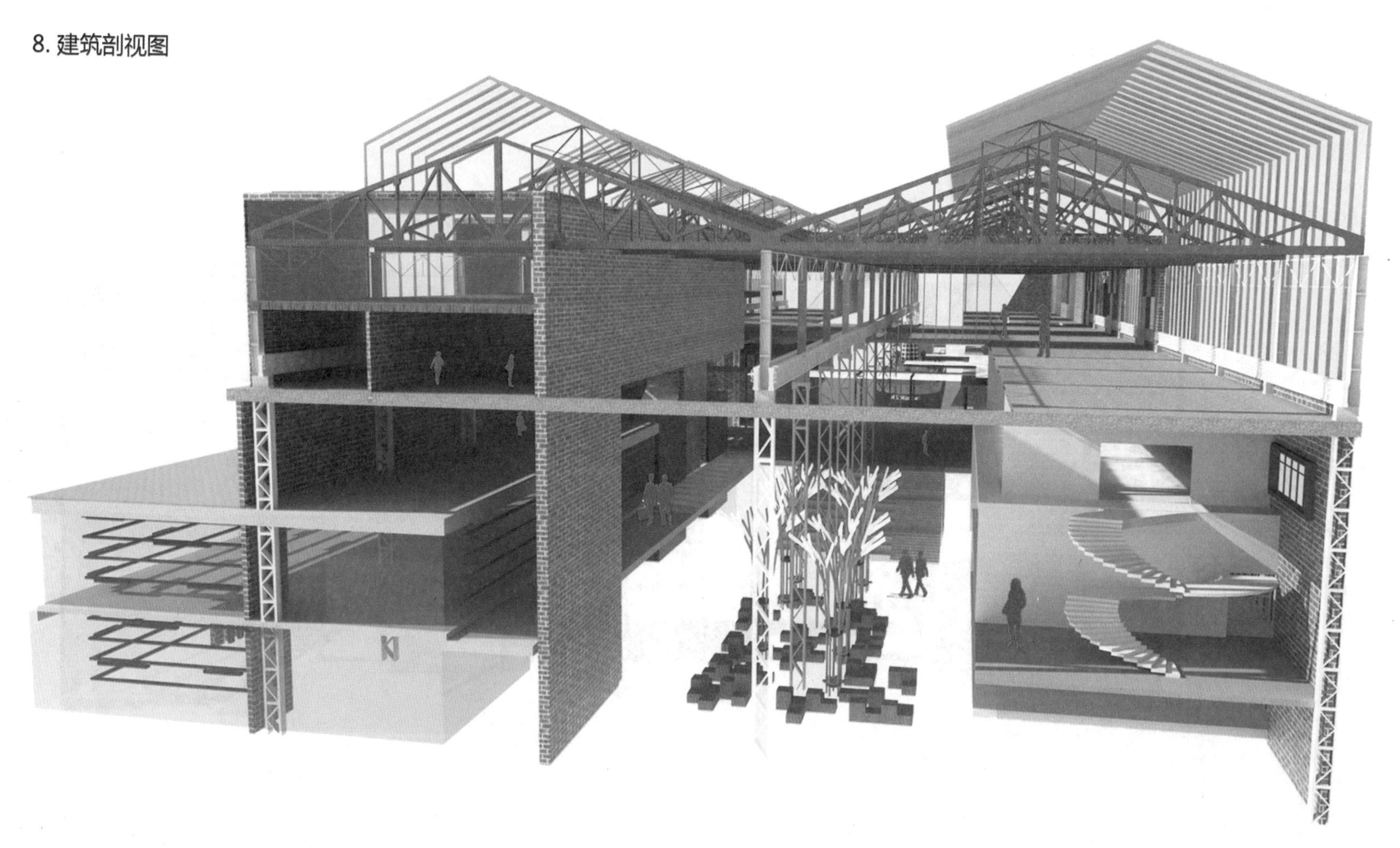

9.建筑楼层功能分区平面图

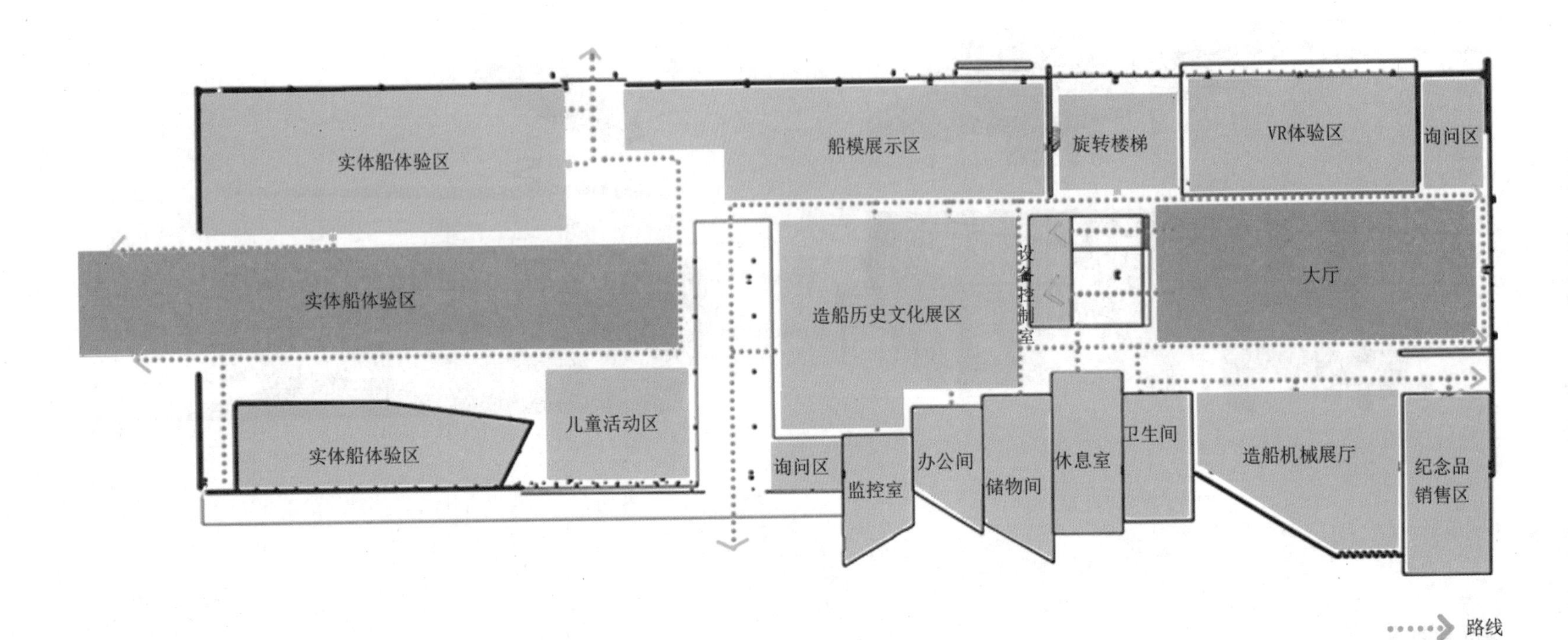

一层平面图

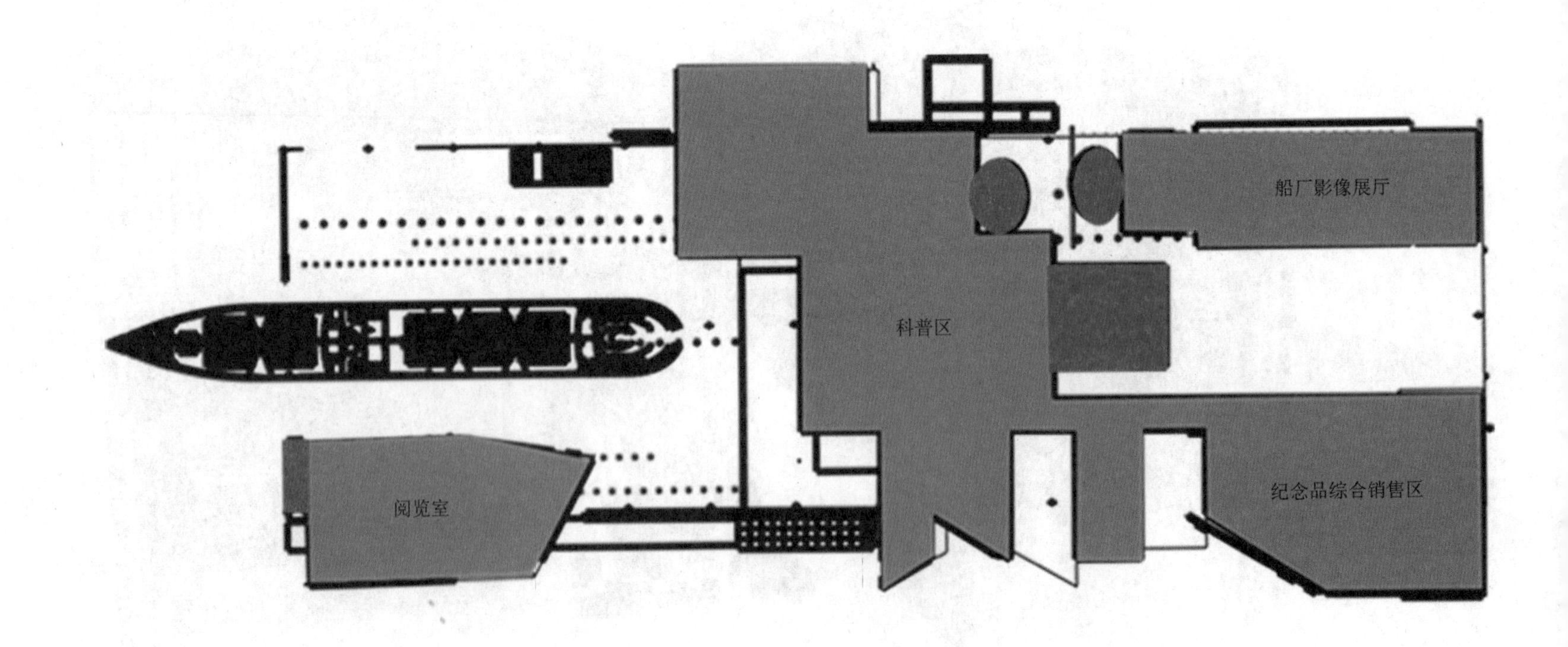

二层平面图

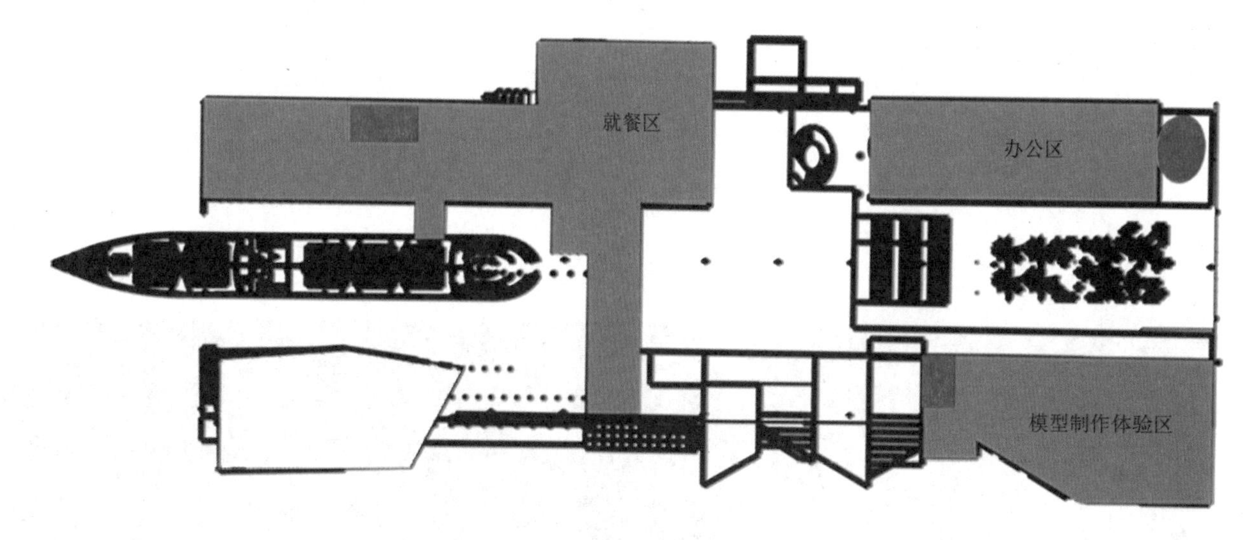

三层平面图

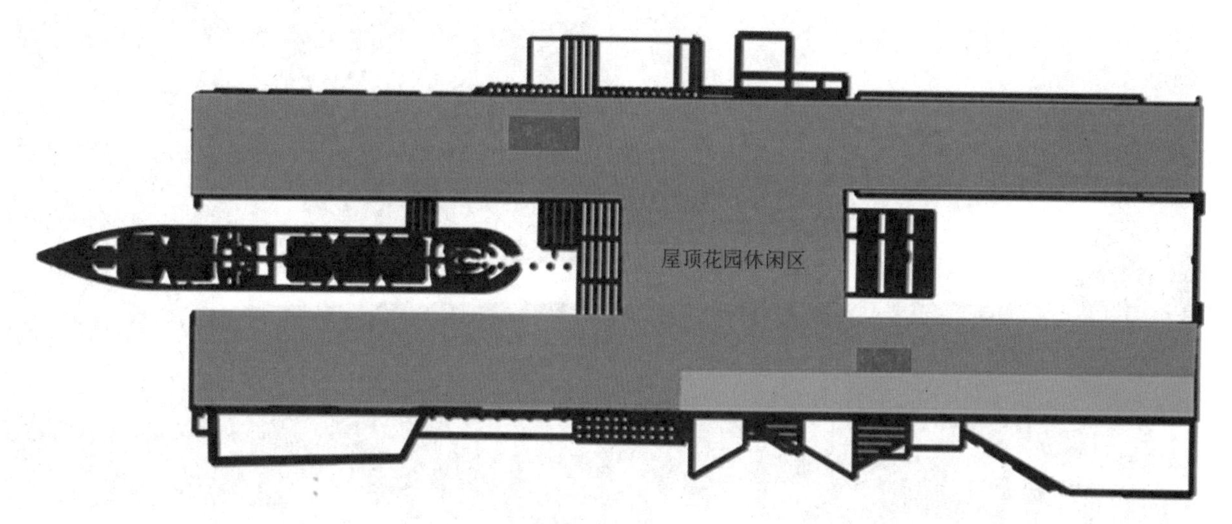

四层平面图

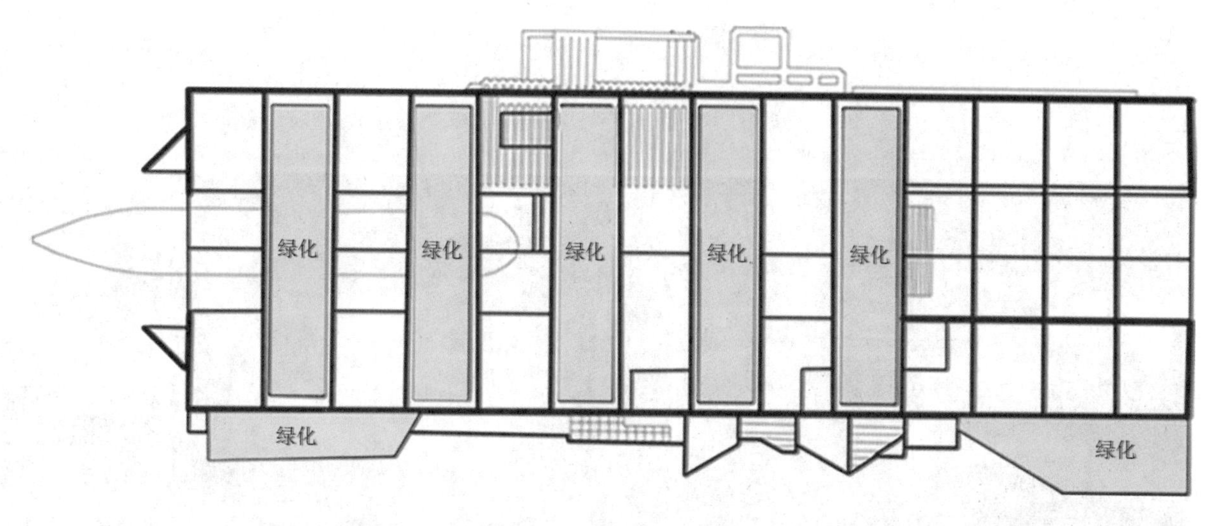

屋顶平面图

10. 207厂厂房室内改造效

七、分区设计

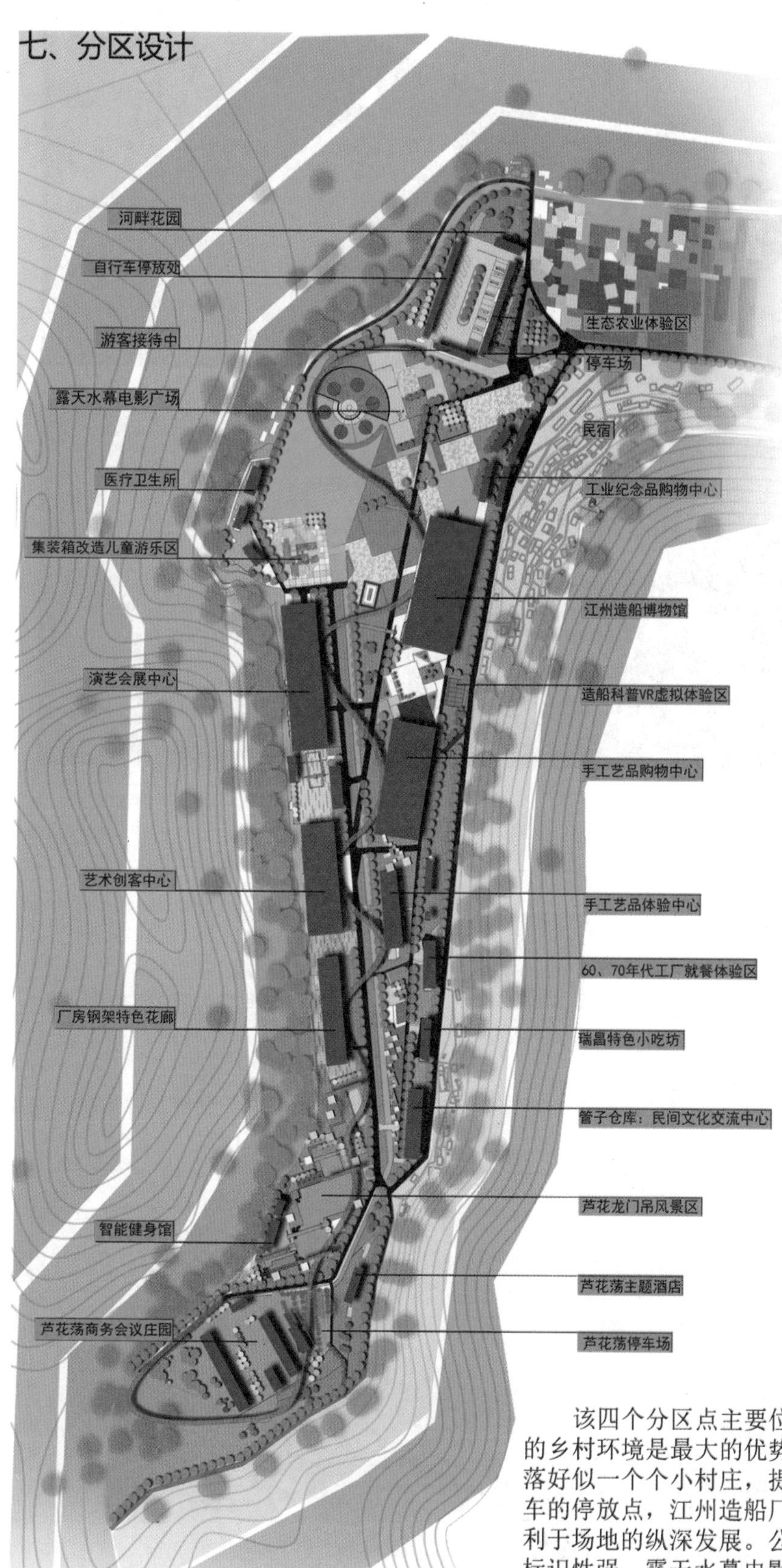

农业体验区

公交车站

博物馆入口

影视区

该四个分区点主要位于南部场地的入口区域，生态农业体验区是第一个分区点，原生的乡村环境是最大的优势，优化的田埂路满足游人步行安全性和可达性的诉求；集装箱院落好似一个个小村庄，提供质朴、安逸的农村生活；停车厂是一个乡村公交站，也是旅游车的停放点，江州造船厂周围有好几个村，在这里设置公交站不仅方便周围村民，而且有利于场地的纵深发展。公交站对面就是工业博物馆——场地的特色景点，景区主题鲜明，标识性强；露天水幕电影广场位于入口区附近，这里不仅提供露天电影和浪漫水幕电影，还提供场地给媒体制作爱好者放映自己制作的电影，举办放映交流会……这里就是江州记忆的胶片，让来过这里的每个人都留下难忘的记忆。

1. 瑞昌民俗文化创意园区大门效果

2. 江州造船厂南部开发创意园区依据

江州造船厂地块功能的重塑是根据地块自身条件、创意产业的特点以及地块所处的城市和区域综合条件所做出的选择。

创意产业的特点：

创意产业是一种知识密集的产业模式，其产品大多以数据和艺术形式输出，故不需占用其土地资源和劳动力，也不需要强大的交通物流输出。

创意产业需要一定的地理集聚，以实现创意理念和知识的交流和互动。同时为企业提供从产品策划、设计、包装、宣传等一条龙服务。

创意产业往往拥有良好的景观系统，对环境没有任何污染并能够起到复兴历史建筑，提升场地文化品味和环境品质的作用，将居住及休闲娱乐功能整体合在一起实现多赢效果。

由于创意产业实现盈利需要一个渐进的过程，且对区位的依赖度较小，故常常选择价格低的城市郊区棕地。创意产业往往能起到改造城市的用地，恢复城市活力的作用。

基于上述特点，对江州造船厂南部地块进行分析：

地块地处码头镇瑞昌工业重镇，地处长江边上、下巢村、位于谷地，用地狭窄，但有乡道从这里通过，交通便利；地块为布局零乱的工业用地，受污染较为严重，但建筑质量较佳；场地生态环境较差，缺乏人气，土地价格低廉，属于典型的城市棕地，这样的用地状况恰好契合创意产业基地对用地的要求，有利于场地的场所复兴。

根据城市定位要求，该区将建成重要的水岸生态景观区，江州造船厂将发展成为以旅游度假为主，兼具休闲和旅游功能的城乡过渡区域。因此需要为场地注入足够的文化元素以提升其文化品质和市场号召力。创意产业对其环境的影响较小，有利于文化氛围的营造。

创意园区为居住在该区域的人提供了工作机会，同时派生的其他产业将为居民提供就业机会，并能提供地块的活力和创造类型丰富的城市空间。

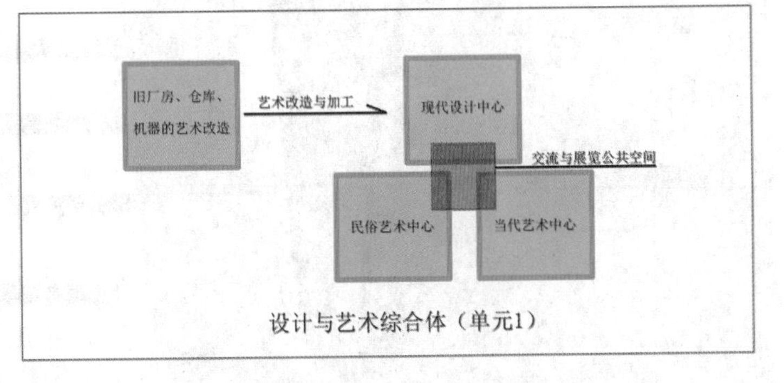

设计与艺术综合体（单元1）

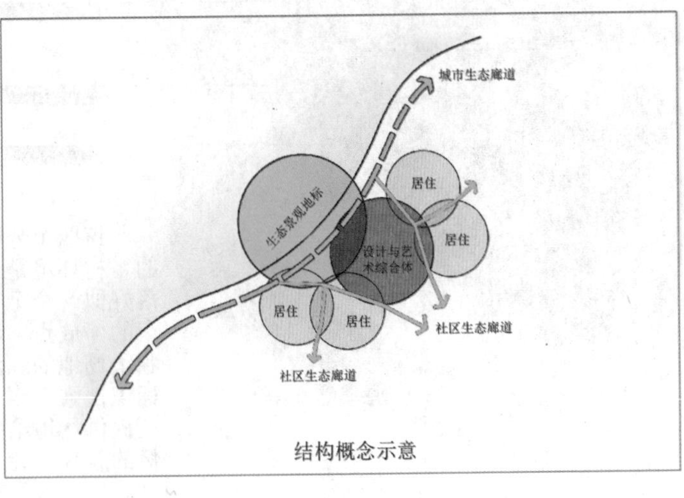

结构概念示意

3. 芦花荡生态湿地体验区

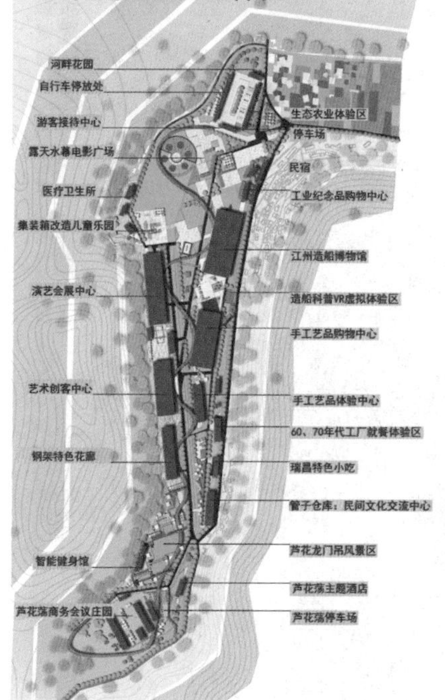

龙门吊、集装箱、芦苇 —— 构成芦花荡景观体验区

原厂地是一块露天钢材堆放区，内部杂草较多，以芦苇为主，有一些生锈的钢铁和集装箱。最有特色的是高大的龙门吊，形成了富有特色的景观。在景观改造中，最重场地的原始性，保留芦苇，并以此作为主题，保留龙门吊。在尽量不破坏自然景观的原则上，对内部道路，景观进行改造，使人可以置身与自然之中，感受工业文化，时间流逝，自然之美。

区域一瞥

景观小品

景观构筑物

芦花荡生态湿地体验区效果

4. 儿童游乐区

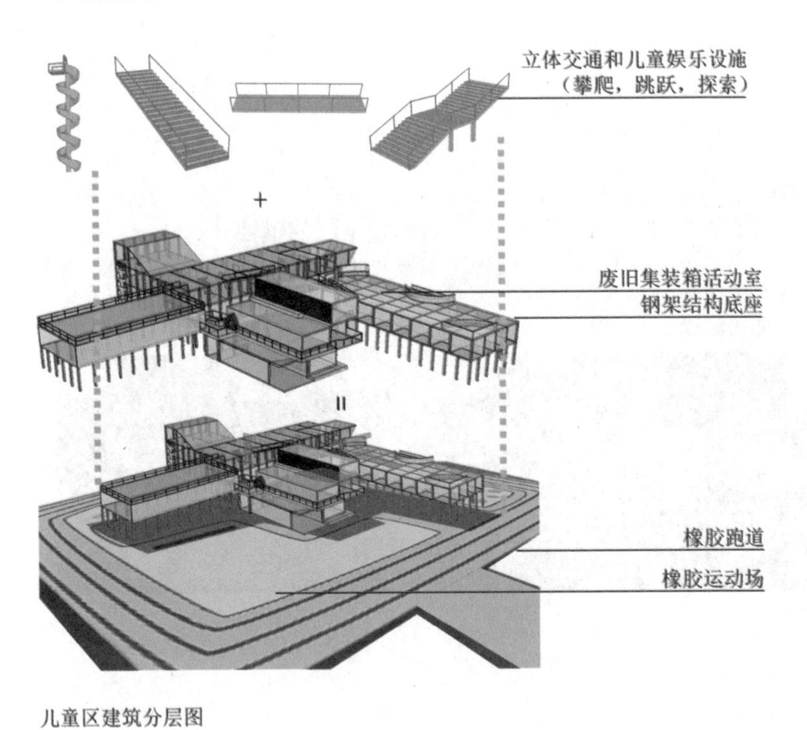

儿童区建筑分层图

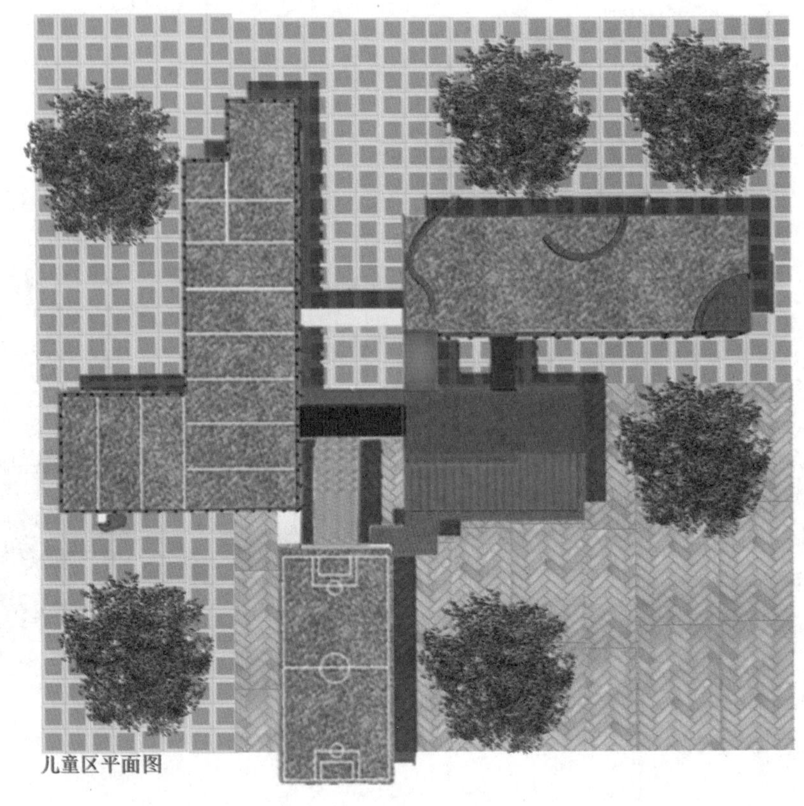

儿童区平面图

儿童区环境效果

八、南部环境改造设计总结

江州造船厂南部厂区的深化设计是重塑场地文脉的一次重要机会，希望通过激活场所精神，能够吸引更多的人来投资、创业、旅游、度假，带动当地的经济发展。南部厂区的厂房较多，建筑质量也较好。基于此，如何利用好这些建筑是一个首要问题。大型的厂房和散点布局的小厂房、职工食堂、住宅区等形成了鲜明对比，针对中型、大型的厂房做了合理的功能分配，设计重点以207厂房改造进行研究，保留旧建筑主体结构和建筑表皮的典型风貌，结合地域性特点进行适度的建筑改造，充分利用室内空高的优势，增加室内空间利用率，强化展览、陈列的功能需求。建筑外部空间的大型厂房之间设置特色的空中步道为道路连接载体，强化道路系统的空间层次。在景观叙事层面，以电影胶片为设计主线，贯穿整个区域的故事衔接，空中游步道——自行车道、健身道和观光道可以满足游人充分领略在厂房间穿梭的新奇感和惬意感，也能体会工业文化的厚重感和历史感。

由于南部荒废已久，杂草丛生，而生长异常茂盛、成片的芦苇带来了别样风景。大片的芦苇生长在厂房之间，不加人工修饰的景观非常美丽。因此，对于外部景观的改造将以“芦苇”为主题，设计还特别利用一块较大的堆放区做了“芦苇荡”景观湿地。由于场地内水景观匮乏，故设计以人工造湖的方式营造出小型的供人休憩玩乐的精品水岸和湿地生态景观。

南部厂区位于整个江州造船厂的尾部，也被称为“声之苇”，它是整个景观的高潮部分，同时也是景观体验的结尾部分。原来这里部分田地扭转为工业用地，这对原生环境破坏性较大，基于此，我们实行“工业占地回归农田”的策略，积极利用场地内的废旧集装箱，在田间做了一些集装箱房，计划安排一个集装箱农业观光园，让城里的游客能够体验乡野的乐趣。公交车站点的设置也是整个体验型景观创意园区建设的一个重点工作，能有效解决通往周围各个乡镇的诉求，为游客带来交通便利。对于自驾游者来说，每个区域都设置有生态停车区，满足他们的基本需求。207厂房外部有大片的空旷场地，将会打造成为游人群聚集的一个公共活动广场，主要分为四个区域：儿童游乐区、露天电影放映区、工业纪念广场和水上广场。在露天电影放映区和儿童区之间，利用人工湖满足水上体验项目的设置需求。

参考文献

[1] 朱育帆，邬东璠，郑晓迪.防灾景观——巴东黄土坡遗址公园及巴东水泥厂改造[M].北京：中国建筑工业出版社，2016.

[2]（英）凯文·思韦茨，伊恩·西姆金斯 著，陈玉洁 译，赫广森 校.体验式景观——人、场所与空间的关系[M].北京：中国建筑工业出版社，2016.

[3] 刘滨谊.人居环境研究方法论与应用[M].北京：中国建筑工业出版社，2016.

[4] 俞孔坚.回到土地[M].2版.上海：生活.读书.新知三联书店，2014.

[5] 朱晓璐.基于叙事学的景观空间体验研究与应用[D].四川：西南交通大学，2013.06.

[6]（美）桑德斯 主编，俞孔坚 等译.设计生态学 俞孔坚的景观[M].北京：中国建筑工业出版社，2013.

[7] 杨鑫.地域性景观设计理论研究[D].北京：北京林业大学，2009.06.

[8] 朱建宁.基于场地特征的景观设计[R].第五届现代景观规划与营建学术论坛，2007,（04）.

[9] 蔡晴.基于地域的文化景观保护[D].南京：东南大学，2006.06.

[10] 夏明."全球化"背景下的"地域性"建筑[J].华中建筑，2003,（06）.